U0015139

Winter Time

帶來幸福 · 傳遞溫暖的秋冬手作季

在冷冷的天氣中，都蘊藏一份渴望溫暖的心情，想喝一杯熱咖啡，想得到來自他人給予的溫暖，想感受幸福的滋味。用掌心的溫度，滿滿的心意一點一滴完成的手作品，還有什麼比這個更溫暖人心的呢？將這份炙熱的溫度，傳達給你在乎的人，不需任何言語，也能為對方帶來幸福。在這寒冷的天氣裡，用手作的溫度圍繞你我，一起將幸福延續下去吧！

本期 Cotton Life 推出組合包手作主題！邀請擅長車縫與創作的專家，發想出可以分開使用也可以組合的包款，兩款不同的造型與背法，增添實用性，滿足不同風格之喜好。有外型甜美標緻的心機美人三用包、包款可愛精巧如蛋型的漫步青春組合包、簡約日式風格的日和富士山後背包、還有挑戰度極高的妖妖九花魔女後背包，每款外型都有兩種風貌，可以依不同場合變化使用。

本期專題「型男單肩背包」，依男生喜歡輕便外出的特性，觀察出男性最普遍使用的包款為單肩背包，所創作出來的樣式。有線條刻畫立體的時尚藍調輕便單肩包、外觀挺立有型的城市密碼紳士肩背包、展現野性魅力吸引目光的霸氣獅子王單肩包，每款造型男生一定會喜歡。

有沒有發現踏入手作一段時間後，有些必須要有的實用雜貨，讓你玩布時更方便，趕快動手做給自己吧！本次單元收錄了外出上課或在家收納縫紉工具都適用的雙開禮盒工具袋著走收納包、縫紉小用品有小動物們守護不會搞丟的「兔子與她的朋友們收納三件組」、在製作手作品時好拿取不易亂的兩用收納捲捲包，全部都好實用又美觀，還可以當擺飾美化工作環境，讓你每天身心都愉悅，展現出布作家的靈魂與精神吧！

感謝您的支持與愛護
Cotton Life 編輯部
www.cottonlife.com

Cotton Life

秋冬手作系
2018 年 11 月
CONTENTS

🦌 刊頭特集 **一體兩款組合包**

🦌 好評連載

🦌 型男專題

型男造型單肩背包

布作家必做實用雜貨

季節感企劃

自薦專線

Cotton Life 長期徵求拼布老師、手作達人、竭誠歡迎各界高手來稿，將您經營的部落格或 FB，與我們一同分享，若有適合您的單元編輯就會來邀稿囉～

(02)2222-2260#31　cottonlife.service@gmail.com

國家圖書館出版品預行編目 (CIP) 資料

Cotton Life 玩布生活 . No.29：一體兩款組合包 × 型男造型單肩背包 × 布作家必做實用雜貨 / Cotton Life 編輯部編 . -- 初版 . -- 新北市：飛天手作，2018.11
　面；　公分 . --（玩布生活；29）
ISBN 978-986-96654-1-4（平裝）

1. 手工藝

426.7　　　　　　　　　107018554

Cotton Life 玩布生活 No.29

編　　者　Cotton Life 編輯部
總編輯　彭文富
主　　編　潘人鳳、葉羚
美術設計　柚子貓、曾瓊慧、許銘芳
攝　　影　詹建華、蕭維剛、林宗億、張詣
模 特 兒　檸檬家族、Jason、Yen
紙型繪圖　許銘芳

出 版 者 / 飛天手作興業有限公司
地　　址 / 新北市中和區中正路 872 號 6 樓之 2
電　　話 / (02)2222-2260・傳真 / (02)2222-1270
廣告專線 / (02)22227270・分機 12 邱小姐
教學購物網 / www.cottonlife.com
Facebook / http://www.facebook.com/cottonlife.club
讀者服務 E-mail / cottonlife.service@gmail.com
■劃撥帳號 / 50381548
■戶　　名 / 飛天手作興業有限公司
■總經銷 / 時報文化出版企業股份有限公司
■倉　　庫 / 桃園市龜山區萬壽路二段 351 號

初版 / 2018 年 11 月
本書如有缺頁、破損、裝訂錯誤，請寄回本公司更換
ISBN / 978-986-96654-1-4
定價 / 320 元
PRINTED IN TAIWAN

封面攝影 / 詹建華
作品 / 林敬惠・紅豆

花型隔熱墊

挑選幾塊自己喜歡的布料拼成隔熱墊。
讓吃飯或是煮咖啡不再只是一件單純
滿足口腹之慾的事情，
為自己的餐桌增添一點可愛的氛圍吧。

設計製作／游嘉茜
示範作品尺寸／20cm×20cm
編輯／兔吉　成品攝影／蕭維剛
難易度／★★

Profile

游嘉茜
· 日本香蘭女子短期大學服裝設計系畢業
· 日本手藝普及協會手縫指導員
· NO.185拼布手藝通信雜誌Modern block design contest設計比賽-original 部門作品刊登

想要做出屬於自己喜歡的「可愛糖果色系」的拼布風格，加上也喜歡各式可愛雜貨，就跟妹妹一起開設了「Quilt Pink雜貨拼布手作教室」至今。

Quilt Pink 雜貨 拼布手作
店址：台北市士林區大東路120號2樓
電話：02-2883-3940
FB搜尋：Quilt Pink雜貨 拼布手作
QP小舖：https://shopee.tw/quilt_daisuki

Materials 紙型 A 面

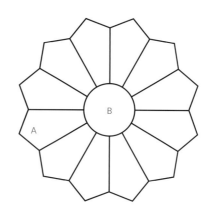

材料（1個的用量）：
各式拼接用布片、鋪棉23×23cm、底布23×23cm。

※縫份均為0.7cm。

※請配合手邊的鍋具或壺具尺寸將紙型放大或縮小使用，布料尺寸也請自行調整。

How To Make

（背面）

（正面）

3 同步驟2的作法，拼接好剩下的布片，完成表布備用。

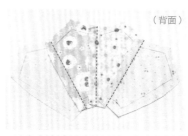
（背面）

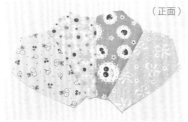
（正面）

2 將布片如圖依序擺放並車縫固定，車好後將縫份倒向同一邊。

※前置作業-製作布片用的紙型：
將附錄中的版型A與B的影本墊在厚紙板上，將形狀畫好後剪下。

1 將紙型A放在布的背面上畫好形狀，預留縫份後裁下來，共需準備十二片。

13 使用水消筆在表布上畫好記號線（從表布邊緣入0.5cm的位置開始畫）。

14 沿著記號線車縫（或手縫）壓線，完成。

9 將紙型B放在布的正面上畫好形狀，預留縫份之後裁剪下來。

10 把紙型B放入布片內，沿邊縮縫一圈。

11 如圖將縫份用熨斗整燙好，記得將紙型B取出來。

12 接著使用貼布縫的作法固定在表布上。

4 將底布燙上鋪棉，可依照個人需求燙上兩層。

5 將表布與底布正面相對，沿著外框的形狀車縫一圈。

6 沿邊將形狀剪下（記得要預留縫份）。

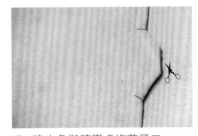

7 將尖角與轉彎處修剪牙口。

8 翻回正面用熨斗整燙。

愛心型隔熱手套

說到女人味,廚房也算是戰場之一吧。
選幾個代表自己的顏色,
做出自己的隔熱手套。
愛心型的設計讓左右手皆可使用,
就算很少下廚,拿來掛著當裝飾品,
也能幫自己加個幾分。

設計製作 / 游嘉茜
示範作品尺寸／20.5cm×18cm
編輯／兔吉　成品攝影／蕭維剛
難易度／★★

Materials 紙型Ⓐ面

材料（1個的用量）：
各式拼接用布片、表布22×22cm、裡布22×22cm、底布22×22cm、鋪棉22×22cm、（包邊用）斜紋布條寬1cm×長110cm、鈕釦。

※縫份均為1cm。

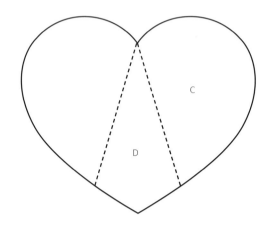

How To Make

5 依序將拼接好的布片、膠棉與裡布三層疊好，用熨斗將三者燙黏在一起。

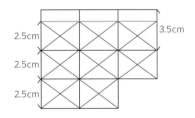

6 如圖先找出最上排2.5cm高的位置，用水消筆先畫上一條記號線。接著再依序畫出斜角線，畫好後沿著記號線車縫（或手縫）壓線。

3 如圖將布片E與F依序排好。

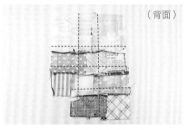

（背面）

4 翻至背面將布片車縫固定。

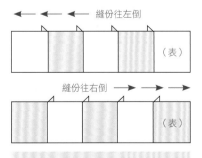

縫份往左倒 （表）

縫份往右倒 （表）

POINT 拼接橫向布片時需要注意上下排的縫份需要錯開，這樣縫起來的接合點才會呈現一直線較美觀。（例如第一排的縫份倒向左邊，那第二排的縫份則倒向右邊）。

※前置作業-製作布片用的紙型：
1.將附錄中的版型C與D的影本墊在厚紙板上，將形狀畫好後剪下。
2.在厚紙板上畫兩個正方形，尺寸分別為E：2.5×2.5cm、F：2.5×3.5cm，畫好後剪下。

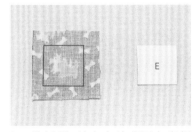

1 將紙型E放在布的背面上畫好形狀，預留縫份後裁剪下來，共需準備八片。

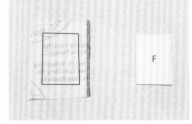

2 同步驟1的作法，將紙型F放在布的背面畫好形狀，預留縫份後裁剪下來，共需準備三片。

15 縫上裝飾鈕釦，完成。（可依個人喜好額外再加上裝飾）。

同場加映－其他作法篇

來試試看其他種拼接作法吧！
大力推薦初學者可選用印有拼接圖案的布料來製作，成功率高且不容易失敗喔。

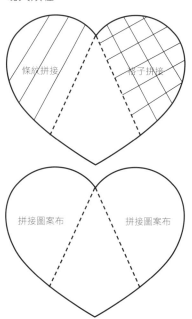

條紋拼接　　格子拼接

拼接圖案布　　拼接圖案布

同場加映第二彈－配件篇

除了布料的選擇之外，運用小配件可以讓作品的可愛度更上一層樓！

11 用水消筆在表布畫上菱格線（間距約2.5cm），畫好後沿線車縫（或手縫）壓線。

12 接著將步驟8做好的左右兩側對齊表布上的記號點，如圖車縫固定。車好依愛心形狀剪下，縫份預留約1cm左右。

13 取一段10cm包邊條對摺（記得預留縫份），並依個人喜好位置先固定在底布上。

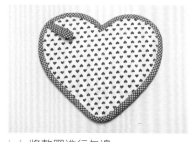

14 將整圈進行包邊。

7 將側邊進行包邊。

8 取紙型C對齊包邊後擺好，沿邊畫上形狀。另一側作法相同。

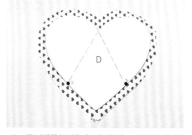

9 取紙型D放在表布上，沿邊畫好形狀與記號點並剪下（記得預留縫份）。

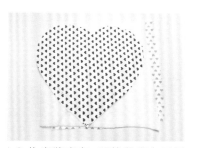

10 依序將表布、膠棉與底布三層疊好，接著用熨斗將三者燙黏在一起。

● 可愛松鼠擦手巾掛環

涼爽的秋意愈來愈濃，勤勞又可愛的松鼠們，
正收集著許多橡實好過冬。將動物造型的擦手巾掛環，
掛在廚房一隅，在洗菜洗碗用水之後，就能隨時擦乾雙手，
真是件非常實用又能裝飾廚房的好伙伴。

製作示範／糖糖　編輯／Forig　成品攝影／林宗億
完成尺寸／寬15cm×高17.5cm
　　　　　（不含掛繩和塑膠圓環的高度）
難易度／★★★★

Profile

糖糖

早期以畫可愛風的插圖為主,並製成相關商品販售。2009年開始以看書自學方式玩拼布,並在某次網友的建議下,將自己所繪製的圖案運用其中,陸續設計和手作出許多可愛又實用的拼布作品。如今玩拼布手作多年,依然期許著自己所設計的作品,能讓人從手作過程中,漸漸喜歡上拼布所帶來的樂趣與成就感。

糖糖の畫筆彩繪、快樂手作

Blog：http://candy4433.pixnet.net/blog
Facebook：http://www.facebook.com/4433candy/

Materials 紙型Ａ面

使用材料:
①素色厚棉布、先染布、印花薄棉布、雙膠薄舖綿、薄布襯、配色布、硬質不織布各適量。
②直徑13～14cm塑膠圓環1個。　　　⑤填充棉花適量。
③25號繡線:咖啡色適量。　　　　　⑥市售素色毛巾1條。
④10mm四合釦1組。　　　　　　　　⑦壓克力顏料:黑色、白色各適量。

裁布:

部位名稱	尺寸／紙型	片數	燙襯	備註
前片A		1		
前片B	紙型	1	貼縫完成後,雙膠薄舖棉+胚布	粗裁後與舖棉+胚布三層壓線,再依紙型外加0.7cm縫份裁剪。
前片配色布 ①～③		共3片		
耳朵前片	紙型	正反各1		
耳朵後片		正反各1		
鼻子	紙型	正反各1		
腳	紙型	正反各2		
後片	紙型	1	貼縫完成後,雙膠薄舖棉+胚布	粗裁後與舖棉+胚布三層壓線,再依紙型外加0.7cm縫份裁剪。
後片配色布 ①～③		共3片		
尾巴	紙型	正反各1	貼縫完成後,雙膠薄舖棉+胚布	粗裁後與舖棉+胚布三層壓線,再依紙型外加0.7cm縫份裁剪。
尾巴配色布		正反各1		
前、後片裡布	紙型	2	薄布襯(含縫份)	
掛繩	30cm×5.5cm	1	薄布親26cm×5.5cm	頭尾2cm不加襯
掛繩裝飾	紙型	數片	貼縫後,其中一片燙上雙膠舖棉	橡實梗使用不織布
擦手巾上的貼縫圖案	紙型	數片		

製作前注意事項:
①有舖棉的作品會因壓線使尺寸縮小,而收縮的尺寸會因作品的大小、使用的舖棉和布料、及壓線的方式而不同,因此在裁剪布料時,請預留收縮尺寸,壓線後再修整成完成尺寸。
②使用25號繡線時,因為此繡線是以六股線合成,在使用時,要先將繡線一股一股線抽拉出來整理後,再依照自己需要的股線數量合成一條來使用。
③在布料上用記號筆畫版型時,若遇到需要貼縫的部份,一律畫在布的正面。其餘則畫在布的背面。

※以上紙型未含縫份,請外加0.7cm縫份;貼布縫外加0.5cm縫份。

9 從返口塞入適量的填充棉花，讓鼻子有紮實感後，再運用藏針縫法縫合返口。

10 最後再用熨斗的燙面將鼻子的形狀整燙出圓潤感，即完成鼻子的製作。

★製作前片

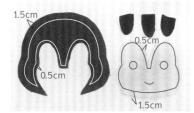

11 依照前片紙型裁剪表布、米白色布和貼縫配色布各1片（縫合縫份外加1.5cm，貼縫縫份外加5mm）。並在B布上畫出眼睛和嘴巴的位置。

12 利用鐵筆或細圭毛筆，沾黑色壓克力顏料，在B布眼睛的位置上，以點畫方式畫出眼睛輪廓框後，再塗滿整個眼睛。

★製作雙腳

5 取2片腳布（縫合縫份5mm外加，下方則留1cm縫份）正面相對，上方縫合，縫份剪出數個牙口，完成2個。

6 翻回正面，整理好腳的形狀後，用熨斗整燙定型，再畫出下方完成線。下方縫份修剪成7mm後，再塞入適量的填充棉花。

★製作鼻子

7 取鼻子布2片（縫合縫份5mm外加）正面相對，上方留返口，其餘縫合一圈，並剪出數個牙口。

8 再從返口翻回正面，並整理好鼻子的形狀。

★製作雙耳

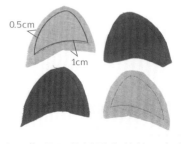

1 依照耳朵紙型裁剪外耳布與內耳布正反各1片。（縫合縫份5mm外加，下方則留1cm縫份）

2 外耳布與內耳布正面相對，上方縫合後，縫份剪出數個牙口。

3 從下方翻回正面，整理好耳朵的形狀後，用熨斗整燙定型。

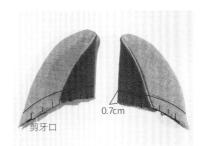

4 依照紙型上的摺燙線將耳朵摺燙好後，用紙型畫出耳朵下方完成線，縫份修剪成7mm後，並剪數個牙口。以此方法完成一對松鼠耳朵。

17 取25號咖啡色繡線三股,穿過刺繡針對摺成六股線,線尾打結後,運用回針繡法繡出前片上的嘴巴線條。

13 待顏料乾透後,再沾上白色壓克力顏料,點畫上眼睛的白點。即完成眼睛的繪製。

20 將左、右耳和雙腳,分別沿著前片的弧度,疏縫固定在指定的位置上。

18 使用粉紅色油性色鉛筆,在臉頰的部份以畫圈方式,輕輕畫出淡淡的腮紅。

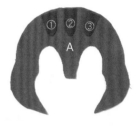

14 利用立針縫法先將前片①~③配色布依序貼縫至A布指定位置上。

21 前片表布與裡布正面相對(表裡布的上下中心點需相合印),下方留返口,其餘縫合一圈。

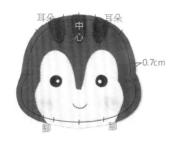

19 用前片紙型在前片上畫出縫合線、上下中心點和耳朵位置、腳的位置、上下止縫等記號線後,將縫份修剪成7mm。

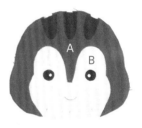

15 再將A布貼縫至B布上,並用熨斗整燙平整,即完成前片表布。

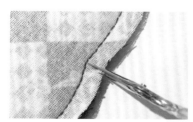

22 用手將前片縫份的舖棉和表布撕開後,再修剪掉縫份處的舖棉與胚布(勿剪到縫線)。

POINT 1 布與雙膠舖棉在燙黏時,熨斗要用中溫。燙黏中不可用力壓燙熨斗,否則會把舖棉壓扁。

POINT 2 落針壓:即是縫在布片或貼布縫配色布邊緣的壓線,在沒有縫份的那塊布上做三層壓線。此作用可以讓貼布縫的圖案更有立體感,並可固定布料。

16 前片表布+雙膠薄舖棉+胚布(薄布)依序燙黏好後,做貼縫圖案的落針壓線。壓線好後,再用熨斗整燙一次。

23 並在凹角處縫份剪一刀牙口。

★製作尾巴

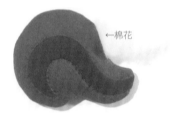

33 從返口翻回正面,整理好尾巴的形狀,並將返口的縫份內摺後,再用熨斗整燙定型。從返口處塞入適量的填充棉花至尾巴的未端處。

28 依照尾巴紙型裁剪表布和配色布正反各1片(縫合縫份外加1.5cm,貼縫縫份外加5mm),並利用立針縫法將配色布貼縫在尾巴布上指定的位置。

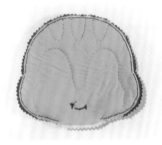

24 其餘縫份可用鋸齒布剪剪出數個牙口。

29 尾巴表布+雙膠薄舖棉+胚布(薄布)依序燙黏好後,做貼縫圖案的落針壓線。

34 讓尾巴未端有些微的立體感後,藏針縫縫合返口,即完成尾巴的製作。

30 壓線好後,熨斗整燙過,再用尾巴紙型在表布畫出縫合記號後,並將縫份修剪成7mm。

25 從返口翻回正面,整理好前片的形狀並用熨斗整燙後,藏針縫縫合返口。

★製作後片

31 尾巴正反2片正面相對,在指定位置留返口後,縫合一圈。

26 運用藏針縫法將鼻子貼縫在前片指定的位置上。

35 依照後片紙型裁剪表布和貼縫配色布各1片(縫合縫份外加1.5cm,貼縫縫份外加5mm),並在後片表布上畫出貼縫的位置。再利用立針縫法,將貼縫配色布①~③依序貼縫在指定的位置上後,用熨斗整燙平整。

32 再將縫份的舖棉和胚布修剪掉(勿剪到縫線),凹角處縫份剪一刀牙口後,其餘縫份用鋸齒布剪剪出數個牙口。

27 前片完成所呈現的樣子。

POINT 3 在藏針縫縫合時，頭尾處可回針一、二次，以增加耐用度。完成後的松鼠上方中心點，會留約2.5cm的掛繩孔。

★組合前後片

左上起縫點　右上起縫點

左下止縫點　右下止縫點

40 將前、後片背面相對，上下中心合印對齊後，用強力夾暫時固定，再使用手縫線以藏針縫法從左上起縫點開始起縫，縫至左下止縫點。

★製作橡實

0.5cm

44 依照橡實紙型裁剪布料正反各2片（縫份外加5mm），再依照橡實梗紙型裁剪深咖啡色不織布1片（不織布不需留縫份）。

41 縫合時，縫針需在前後片表布的布邊上出入針。

42 遇到耳朵的地方，則在耳朵表布上出入針。（縫線不要在耳朵前片露出）。

45 將橡實②布利用立針縫法貼縫至橡實①布上，完成正反2片後，其中1片背面燙上雙膠薄舖棉。

46 將2片正面相對，在上方指定的位置留返口，其餘縫合一圈後，修掉縫份的舖棉，並將縫份剪出數個牙口，凹角處剪一刀牙口。

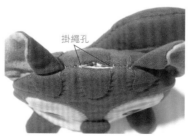

掛繩孔

43 以同方式將前後片的右邊也藏針縫縫合。即完成松鼠本體的製作。

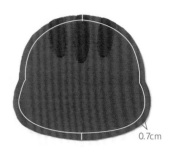

0.7cm

36 後片表布＋雙膠薄舖棉＋胚布（薄布）依序燙黏好後，做貼縫圖案的落針壓線。壓線好後，熨斗整燙過，再用後片紙型畫出縫合記號、上下中心點後，並將縫份修剪成7mm。

37 同步驟21～25作法完成後片。

38 利用藏針縫法將尾巴貼縫在後片指定的位置上。藏針貼縫時，只需要將尾巴前端部份貼縫一圈即可。

39 完成後片的製作。（尾巴的貼縫方向，也可轉成朝向左方。）

55 先將貼縫配色布①用珠針暫時固定在毛巾對應位置上後，開頭處先將縫份往內摺一些，縫針從貼縫配色布布邊的背面起針，將線結藏留在配色布下面、毛巾布正面。之後則利用立針縫法——沿配色布的布邊貼縫。

POINT 5 立針縫的針距約2～3mm 為佳，貼縫線的顏色要選擇與貼縫布塊相近的顏色。

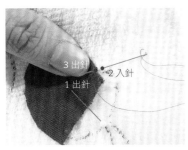

56 貼縫好一片配色布塊後，再依照貼縫數字②、③～⑥的順序，一一將其他配色布貼縫至毛巾布上。

57 完成擦手巾的圖案貼縫。

POINT 6 因為要讓擦手巾背面不要有線結出現，因此裝飾圖案貼縫起針與收尾方法與一般貼縫有所不同，是將線結都留藏在毛巾布正面、貼縫圖案配色布背面的做法。

52 較長的尾端也同樣裝上四合釦的母釦。

53 將掛繩從松鼠本體下方開口處往上穿過上方的掛繩孔後，再利用藏針縫法將掛繩布條四合釦母釦這一端貼縫固定在橡實上。完成整個「可愛松鼠擦手巾掛環」。

★貼縫擦手巾裝飾

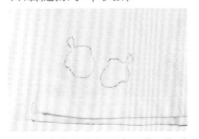

54 取市售的素色毛巾一條，將毛巾尾端一角，用細字彩色筆款的熱消記號筆畫上貼縫圖案的輪廓線。再依照貼縫圖案紙型，剪裁貼縫配色布各1片。

POINT 4 擦手巾除了使用市售的毛巾外，也可選用適當大小的二重紗布料，將布邊三捲車縫成自製的擦手巾後，再貼縫裝飾圖案。

47 從返口處翻回正面，整理好橡實的形狀，用熨斗整燙定型。

48 返口處的縫份內摺後，將橡實梗放進返口處約5mm，再利用藏針縫法縫合返口和夾縫橡實梗。即完成橡實的製作。

★製作掛繩

49 取掛繩布，背面燙上薄布襯（頭尾兩端2cm不燙）。掛繩布正面相對對摺後縫合。將縫份移至置中位置後，再用熨斗將縫份燙開。

50 將掛繩布翻回正面後，頭尾兩端各往內摺1cm後，再沿布邊3mm處車縫壓線，即完成掛繩布條。

51 將掛繩布條穿過塑膠圓環後，往回摺約6cm，並用平針縫將掛繩布條固定。掛繩布較短的尾端距布邊1cm處安裝上四合釦的公釦。

一體兩款組合包

可分開也可組合使用的包款，
隨著場合和需求自由變化造型。

心機美人三用包

就是愛耍小心機！利用磁釦巧妙的將雙包合而為一的設計，毫無違和感。可以展現出優雅氣質的手提肩背款、也可以活潑俏麗的側背。隨著心情或裝扮來變換搭配，不論是雙包組合或分別單獨使用，都是散發魅力的實用包款。

製作示範／紅豆・林敬惠
編輯／Forig　成品攝影／詹建華　Model／Yen
完成尺寸／A小心機包：寬27cm×高20.5cm×底寬8cm
　　　　　B美人包：最寬34cm×高25cm×底寬12cm
　　　　　　　　　　（高度不含提把）

難易度／☆☆☆☆

Profile

紅豆．林敬惠

師承一個小袋子工作室 - 李依宸老師，從基礎到包款打版，注重細節與實作應用，
開啟了手作包創作的任意門。愛玩手作，恣意揮灑著一份熱情與天馬行空的創意，
著迷於完成作品時的那一份感動，樂此不疲！
2013 年起不定期受邀為《Cotton Life 玩布生活》手作雜誌，主題作品設計與示範教學。
2018 年與李依宸合著有《1 ＋ 1 幸福成雙手作包》一書。
紅豆私房手作：http://redbean5858.pixnet.net/blog

Materials 紙型 A 面

用布量：
表布：圖案布約2.5尺＋素色布：日本8號防潑帆布約3尺。
裡布：肯尼布（幅寬140cm）約2.5～3尺（視內口袋多寡）。

A 小心機包裁布與燙襯：
※本次示範作品的裡布使用肯尼布，不燙襯。若使用其它素材，請斟酌調整。
※版型為實版，縫份請外加。數字尺寸已內含縫份0.7cm，後方數字為直布紋。

表布／圖案布
前口袋布	20×18cm	1	洋裁襯
織帶裝飾布 ①	3.5×65cm	2	（前、後表袋織帶提把用）
織帶裝飾布 ②	3.5×140cm	1	（調整型長背帶用）
掛耳布	4×3.5 cm	2	

表布／素色布：日本8號防潑帆布
袋身	紙型F	2	洋裁襯
拉鍊口布	4×28.5cm	2	洋裁襯
側身	紙型G	1	洋裁襯

裡布／肯尼布
前口袋布	20×12cm	1
袋身	紙型F	2
拉鍊口布	4×28.5cm	2
側身	紙型G	1
活動底板夾層布	9.5×20cm	1
活動底板布	17.5×26cm	1
內口袋	自由設計製作	

A 小心機包其它配件：
2.5cm織帶（65cm×2條＋140cm×1條）、2cmD環×2個、2.5cm日環×1個、
2.5cm鉤環×2個、3V雙頭碼裝拉鍊27cm、撞釘磁釦×4組、3mm塑膠條或
棉繩（包繩用）約180cm、斜布紋包繩布88cm×2條、皮標×1個、PE膠板
7.5×24cm、鉚釘數組、2.5cm束尾夾×2個、2mm EVA軟墊（若無可免）。

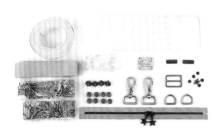

B 美人包裁布與燙襯：

※本次示範作品的裡布使用肯尼布，不燙襯。若使用其它素材，請斟酌調整。

※版型為實版，縫份請外加。數字尺寸已內含縫份0.7cm，後方數字為直布紋。

表布／圖案布

前表袋左右片	紙型A1	1	厚布襯（不含縫份）＋洋裁襯
前表袋口袋布（含袋蓋）	紙型A3	2	
前表袋一字口袋布	13×25cm	1	
後表袋雙滾邊口袋布	18×40cm	1	

表布／素色布：日本8號防潑帆布

袋底	13.5×37.5cm	1	洋裁襯
前表袋中間片	紙型A2	1	洋裁襯
表側身	紙型C	2	洋裁襯
後表袋	紙型B	1	洋裁襯
裡側身上貼邊	紙型E1	2	洋裁襯
裡袋上貼邊	紙型D1	2	洋裁襯

裡布／肯尼布

裡側身	紙型E2	1
裡袋	紙型D2	2
活動底板布	26×28cm	1
活動底板夾層布	13.5×23cm	1
內口袋	自由設計製作	

B 美人包其它配件：

撞釘磁釦×2組、3mm塑膠條或棉繩（包繩用）約215cm、斜布紋包繩布（①55cm×1條＋②80cm×2條）、皮標×1個、PE膠板11.5×26cm、袋口連接釦×1組、提把×1組。

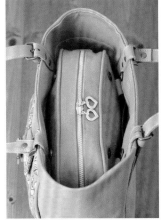

How To Make

重疊約1cm↑

10 沿表袋車上包繩，圓弧處剪牙口，包繩頭尾相接之處，其中一側折入，重疊約1cm後接合。

11 同作法，將另一片表袋身也車縫上包繩。

★ 製作側身

12 取拉鍊口布表、裡布，正面相對夾車27cm的3V碼裝拉鍊，翻回正面後，沿邊壓線。

13 另一側亦同。（可先沿邊疏縫將表、裡布固定）

5 將織帶一端先車縫固定於右側指定位置上。

6 將步驟3的口袋布，置於表袋（F）上，並靠右下方對齊，沿邊疏縫U型邊，並依袋身大小將右下方多餘的口袋布修掉。

7 將織帶的另一端覆蓋於口袋布上，車縫固定於左側指定位置。

8 取另一條織帶，車縫固定於另一片表袋（F）的指定位置上。

9 取斜布紋包繩布包夾住3mm塑膠條或棉繩車縫。

A 小心機包

★ 製作表袋身

1 取前口袋表、裡布正面相對，車縫接合上方。

2 縫份倒向裡布，並沿邊壓線。

↓壓線
→疏縫

3 對折後於上方壓線，並疏縫U型邊，將表、裡布固定後備用。

4 取織帶裝飾布①，如圖示向內拗折整燙後，車縫固定於2.5cm寬，長約65cm的織帶上，完成二條。

23 另一側亦同（依步驟20-22完成）。取EVA軟墊二片，依袋身（F）實版再往內修約0.3～0.5cm，由二個返口處分別置入平放，增加支撐與防撞保護（若無EVA可省略）。並將返口處以藏針縫縫合。

19 縫份倒向側身並沿邊壓線，可先疏縫側身兩側，將側身表、裡布固定。

14 掛耳布向中間拗折，於兩側壓線，共完成2個。

★ 組合袋身

24 活動底板布的短邊對折，車縫長邊，將接合處置中後，再車縫其中一側。

20 取一片表袋和步驟19的側身正面相對，先疏縫組合起來。（車縫時，務必注意中心點位置與止點位置要相對）圓弧處請剪牙口，預定返口處請車實際線。

15 將掛耳布套入2cm寬的D環，固定於拉鍊口布的兩側。

25 翻回正面塞入PE板（四周需剪圓角），開口處以藏針縫縫合備用。

16 取活動底板夾層布，長邊對折，車縫短邊。

21 取一片裡袋和表袋正面相對夾車側身，預定返口處不車縫。（裡袋可依需求，先製作內口袋）。

26 在前表袋指定位置上，釘上2個撞釘磁釦的母釦，再於織帶的對應位置上，安裝上公釦。※這個地方的公、母釦，務必要正確，才不會影響與美人包的組合哦！

17 翻回正面，車縫接合處置中朝下，將夾層布兩側壓線後，疏縫固定在裡側身中心位置。

22 由返口處翻回正面。

27 於後表袋指定位置上，釘上2個撞釘磁釦的公釦，再於織帶的對應位置上，安裝上母釦。※請注意公、母釦位置，與前一步驟剛好相反。

18 側身表、裡布正面相對，夾車步驟15的拉鍊口布兩端，形成一個圈。

7 翻回正面整理整燙後，如圖示
沿邊壓線固定。

8 將步驟7完成的口袋布，置於前
表袋中間片（A2）的上面，沿U
型邊疏縫固定。

2cm   2cm

9 如圖示位置在前表袋中間片
（A2）車上包繩。

10 再與前表袋左右片（A1）相車縫
組合。

2cm   2cm

11 接著再車上包繩，即完成前表
袋身。

3 將口袋布由剪開的Y字線往後
翻，並整燙袋口後，於方框下緣
壓線。

4 將口袋布向上拗折後，車縫方
框ㄇ型邊，並車縫口袋布兩側，
完成一字口袋。

5 再取另一片前口袋布（A3）正面
相對，如圖示車縫固定。

6 於兩側轉彎斜角處請各剪一道
牙口，圓弧處請將縫份修小並
剪牙口。

28 將織帶裝飾布②車縫固定於
140cm的織帶上，將織帶的一
端先套入日環，尾端夾上束尾
夾後，以鉚釘固定。再依圖示
分別穿入鉤環和日環，尾端也
夾上束尾夾後，以鉚釘固定
之，完成可調式長背帶。

29 於前口袋釘上皮標，置入活動
底板，即完成小心機包囉！

B 美人包

★ 製作前表袋身

1 取一字口袋布與一片前口袋布
（A3）正面相對，依圖示位置畫
出一個10×1cm的方框。

2 車縫方框後，剪雙頭Y字線。

22 另一側亦同，完成表袋備用。

★ 製作裡袋身

23 裡袋上貼邊（D1）與裡袋（D2）相車縫組合（如強力夾處），內口袋可依喜好製作。

24 縫份倒向裡袋，並沿邊壓線。共完成二片。

★ 製作裡側身

25 裡側身上貼邊（E1）與裡側身（E2）相接合，縫份倒向側身壓線，另一側亦同。

26 請參考小心機包步驟16-17，完成活動底板夾層布，並固定於裡側身中心兩側位置。

17 將口袋布向上對折後，車縫方框冂型框，並車縫口袋布兩側，完成後表袋的雙滾邊口袋。

18 接著車上包繩，完成後表袋。

★ 製作側身

19 取表袋底與一片表側身（C）相車縫組合，縫份倒兩側，沿邊壓線。

20 另一側亦同，完成表側身。

★ 組合表袋身

21 取一片表袋與表側身相車縫組合，如強力夾處（袋口、中心點的位置要對好）。轉彎處請剪牙口。

★ 製作後表袋身

4cm
4cm
2×15cm

12 將雙滾邊口袋布，如圖示位置與後表袋（B）正面相對，畫出一個2×15cm的方框，並於袋口中心畫出雙頭Y字線。

13 車縫方框，並將Y字線剪開。

14 將口袋布從袋口拉至表袋後方，先整理整燙袋口，並將方框上、下兩側的縫份燙開。

15 將口袋布往袋口中心拗折（需對稱），並於兩側（如圖示小三角形的位置上）車縫固定線。

16 於口袋方框下壓線。

24

35 於後表袋上釘上皮標。

36 於前表袋的口袋袋蓋上,安裝袋口連接釦。

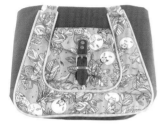

37 安裝提把,並縫合返口後,置入活動底板,即完成美人包。

32 將小心機包的織帶往下放,置入美人包內,依小心機包表袋上的磁釦,找出與美人包的相對應高度磁釦位置,做上記號後,於美人包的裡袋安裝撞釘磁釦。

母釦
公釦

33 前裡袋口安裝2個公釦,後裡袋口安裝2個母釦。※2顆磁釦的間距位置是固定的,但內外袋相對應的高度會因製作素材不同,而會略有差異。

34 請確認磁釦的位置,可以和小心機包組合,也可以單獨吸合後才正式壓合。

剪圓角

27 請參考小心機包步驟24-25,完成活動底板備用。

★ 組合裡袋身

28 裡側身與裡袋正面相對,車縫組合。轉彎處請剪牙口。

29 另一側亦同,其中一側請預留15cm的返口。

★ 組合袋身

30 表、裡袋正面相對,車縫袋口一圈(如強力夾處)。

31 由裡袋預留的返口翻回正面,整理袋型後,縫份倒向裡袋,沿裡袋口壓線一圈。

漫步青春組合包

單純明亮的色彩，造型可愛的包款，讓人想起青春的樣貌，也回憶起和朋友們嬉笑打鬧的午後，那麼的和諧愉快。包款的組合變化，簡約卻實用，不論出遠門或近門，只要一包就搞定。

製作示範／李依宸
編輯／Forig　成品攝影／張詣
完成尺寸／A後背包：寬26cm×高32cm×底寬12cm
　　　　　B活動式小包：寬24cm×高15cm
難易度／☆☆☆

Profile

李依宸

台南女子技術學院 服裝設計系畢
日本手藝普及協會 手縫講師
臺灣喜佳專業機縫師資班第一屆機縫講師
曾任臺灣喜佳北區才藝中心主任、經銷業務副理。

教學內容：時尚應用包款＆口金包打版。機縫手作
包款，拼布機縫＆手縫，服裝打版＆製作，教學經
驗 20 年。2008 年創立「一個小袋子工作室」

著有：《玩包主義：時尚魔法 Fun 手作》、
　　　　與紅豆合著《1＋1幸福成雙手作包》

一個小袋子工作室

北市基隆路二段 77 號 4 樓之 6
02 - 27322636
FB 搜尋：「一個小袋子工作室」

Materials 紙型 Ⓐ 面

用布量（共）：表布2尺、配色布2尺、裡布3尺、厚布襯1碼、洋裁襯1碼。

Ⓐ 後背包裁布與燙襯：

※版型為實版，縫份請外加。數字尺寸已內含縫份。

表布／素色

前袋身上片	紙型	1	厚布襯不含縫份＋洋裁襯含縫份
後袋身	紙型	1	厚布襯不含縫份＋洋裁襯含縫份
上側身	紙型	1	厚布襯不含縫份＋洋裁襯含縫份
下側身	紙型	1	厚布襯不含縫份＋洋裁襯含縫份
前口袋	19×12cm	1	

配色布

前袋身下片	紙型	1	厚布襯不含縫份＋洋裁襯含縫份
側身口袋	紙型	1	厚布襯不含縫份
包繩布	3×210cm	1	（裁斜布條）
織帶裝飾布a	3×110cm	2	
織帶裝飾布b	3×8cm	2	
拉鍊吊耳	寬4×長5cm	2	
包繩頭尾布	寬5×長4cm	2	
側身吊耳	寬2×長4cm	2	

裡布

裡袋身	紙型	2	洋裁襯
前口袋	紙型	1	
滾邊布	4×210cm	1	（裁斜布條）
上側身	紙型	1	洋裁襯
下側身	紙型	1	洋裁襯

Ⓐ 後背包其它配件：

40cm拉鍊×1條、1吋織帶8尺、2cm織帶20cm長、1吋日型環×2個、1吋口
型環×2個、4mm皮繩7尺（包繩用）、8mm小圓環×2個、皮標×1個。

⑬ 活動式小包裁布與燙襯:

※版型為實版,縫份請外加。數字尺寸已內含縫份。

表布/素色

後袋身	紙型E	1	不燙襯

配色布

前表袋上片	紙型A	1	厚布襯不含縫份
前表袋下片	紙型B	1	厚布襯不含縫份
後表袋身	紙型C	1	厚布襯不含縫份
袋口拉鍊頭尾布a	3×4cm	2	
口袋拉鍊頭尾布b	3×5cm	2	
滾邊布	4.5×105cm	1	(裁斜布條)

裡布

前口袋	紙型B	1	不燙襯
前口袋	紙型D	1	不燙襯
後口袋	紙型C	2	不燙襯
裡袋身	紙型E	1	不燙襯
袋口拉鍊頭尾布a	3×4cm	2	
口袋拉鍊頭尾布b	3×5cm	2	

⑬ 活動式小包其它配件:

18cm拉鍊×2條、2cm織帶5尺、2cm寬日型環×1個、2cm寬鋅鉤環×2個、手機皮帶×1組、撞釘磁釦×1組、小勾環×2個、D型固定環×2個、8×8mm鉚釘×2組。

How To Make

3. 將織帶裝飾布a和b兩邊往中間內折燙好,並分別車縫在1吋織帶上(織帶長110cm×2條、8cm×2條)。

④ 後背包

★ 製作後袋身

1 取裡袋身依個人需求與喜好製作內口袋,共完成2組。

5 將2條110cm織帶分別車縫在後袋身上方中心兩邊。在中心往左右各2.5cm處車縫上2×20cm織帶持手。後袋身下方中心往左右各6.5cm處分別車縫上口型環固定。

4 取車好的8cm織帶穿入口型環,對折車縫固定,完成2個。

2 再取表後袋身與裡袋身背面相對,車縫一圈。

15 同上作法完成後袋身的出芽車縫。前後袋身的包繩頭尾布再往下折好車縫固定。

★ 製作下側身

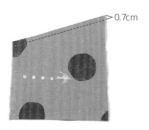

16 取側身口袋正面相對對折，車縫一邊固定。

0.7cm

17 翻回正面，折雙邊往下0.7cm壓線。

18 側身口袋依紙型標示位置擺放在表下側身（右側），三邊車縫固定。並取折燙好的拉鍊吊耳車縫在下側身兩短邊中心處。

★ 製作前袋身

11 取前袋身上片與下片正面相對車縫，翻回正面，縫份倒上方整燙好。再取另一片裡袋身背面相對疏縫一圈。

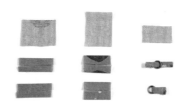

12 取拉鍊吊耳、包繩頭尾布、側身吊耳，如圖整燙好。側身吊耳穿入小圓環對折後車縫固定。

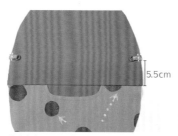

5.5cm

13 將側身吊耳車縫在前袋身左右邊剪接線往上約5.5cm處。

14 取包繩布包夾皮繩車縫成出芽，並沿著前袋身邊車縫一圈，出芽接合處下夾1片包繩頭尾布一起車縫固定。中心上方釘上皮標。

★ 製作前口袋

6 取裡前口袋與前袋身下片正面相對，車縫上方弧度，並在圓弧處打牙口。

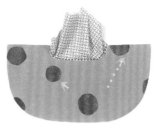

7 裡前口袋布往上翻，沿口袋布邊0.2cm壓線固定。

0.7cm

8 翻回正面，距離邊0.7cm車縫。

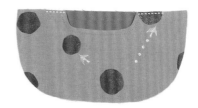

9 並在後方擺放上表前口袋布，上方疏縫固定。

10 翻到背面，將表裡口袋布對齊，車縫三邊，完成前口袋製作。

B 活動式小包
★ 製作前拉鍊口袋

1 取拉鍊頭尾布a表裡布夾車拉鍊兩端，翻回正面後疏縫頭尾布上下邊固定。同作法完成拉鍊頭尾布b與另一條拉鍊的車縫。

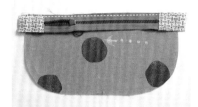

2 拉鍊頭尾布b的那條拉鍊與前表袋下片B正面相對，上方疏縫固定。

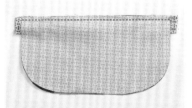

3 再取裡前口袋（B）正面朝下蓋上，夾車拉鍊。

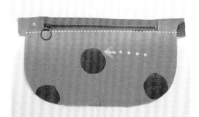

4 翻回正面，沿邊壓線固定。

25 先折燙好滾邊布，再將側身兩長邊與滾邊布正面相對，分別車縫好兩圈。

26 將側身與表袋身正面相對，沿邊對齊好車縫一圈。

27 側身另一邊同作法完成後袋身的接合。

28 將滾邊布折好包覆縫份，手縫藏針縫固定。

29 將後袋身的織帶穿上日型環後，穿入下方口型環，再穿回日型環，並將織帶邊內折，打上鉚釘固定，完成後背包。

★ 製作上側身

19 取上側身表布與40cm拉鍊正面相對，疏縫一道。

20 再取上側身裡布夾車拉鍊。

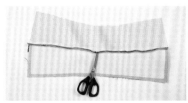

21 將縫份弧度處打數個牙口。

↑壓線
↑疏縫

22 翻回正面，沿拉鍊邊壓線，再將表裡布對齊，三邊疏縫。

★ 組合袋身

23 取表裡下側身夾車上側身兩邊，並翻回正面。

24 將下側身表裡布對齊疏縫兩長邊固定。

13 將袋身對折,左右兩邊上方釘上D型固定環加上小勾環。

14 在後袋身中心相對位置釘上撞釘磁釦。

15 製作一條織帶可調式背帶。織帶穿入日型環和鋅鈎環,織帶兩端內折好釘上鉚釘即完成。

9 取後表袋身C與裡後口袋C夾車拉鍊另一邊,翻回正面壓線。

★ 組合袋身

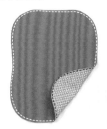

10 取表後袋身E與裡袋身E背面相對,疏縫一圈固定。

11 將前袋身與後袋身背面相對疏縫一圈,再將前袋身沿邊車縫上滾邊布。

12 滾邊布折燙翻至後袋身包覆好縫份,手縫藏針縫一圈。

5 取前表袋上片A與拉鍊另一邊車縫,翻回正面,再將後方擺放上後口袋D,沿邊壓線固定,正面疏縫U型。

★ 製作袋口拉鍊

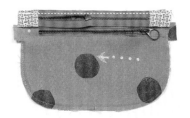

6 取拉鍊頭尾布a的那條拉鍊與前表袋上片A正面相對,疏縫上方固定。

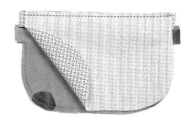

7 將前口袋(C)正面朝下蓋上,夾車拉鍊。

8 翻回正面,沿邊壓線固定。

日和富士山後背包

藍藍白白好純淨，
背上就有好心情。
嗯，感覺整個人都透明輕盈了起來呢！

設計製作／Ming（米米）
示範作品尺寸／後背包　長40cm×高 38cm×底寬7cm
　　　　　　　　卡套　　長18cm×寬12.5cm
編輯／兔吉　成品攝影／蕭維剛
難易度／☆☆☆

Profile

Ming（米米）

北京服裝學院 服裝設計系畢業。
累積十餘年的服裝設計和包包飾品豐富的創
作經歷，喜歡自己設計開版製作各式手作，
讓每一刻都充滿暖暖，堅持原創，因為唯有
用心手作，才能更有溫度。

2015 年和阿里一起成立「Ming」獨
立設計師品牌工作室至今。
注重細節和實作應用，讓設計不再只
是設計，而是能夠讓你我更加有溫度
的作品。
FB 搜尋：Ming Design Studio
Email： away10227@gmail.com
Line ID：@zxi8416r

Materials 紙型 Ⓑ 面

材料表（1個的用量）：

Ⓐ 日和富士山卡套

主要布料：藍色野木棉布、白色野木棉布、紅色酒袋布。
其他配件：6吋塑鋼拉鍊1條、15mm D型環1個、7×10cm透明布1片。

裁布表：

藍色野木棉布

主體①（表）	紙型	2片（其中1片燙薄襯）
主體①（裡）	紙型	2片（無需燙襯）
卡片布	紙型	2片（燙薄襯）
掛耳	紙型	1片

白色野木棉布

主體②	紙型	2片（燙薄襯）

紅色酒袋布

小太陽	紙型	2片（無需燙襯）

Ⓑ 日和富士山後背包

主要布料：藍色野木棉布、白色野木棉布、日本小富士山棉布、藍綠色棉布。
其他配件：25cm木頭口金1個、12mm 問號鉤1個、6吋塑鋼拉鍊1條、2.5×2.5cm魔鬼氈1對、4吋D型環3個、4吋合金鉤4個、4
吋塑膠日型環2個、寬度3×長度46cm棉織帶2條、寬度3×長度51cm棉織帶2條。

裁布表：

藍色野木棉布

主體③（表）	紙型	2片（燙棉襯）
主體③（裡）	紙型	2片（燙薄襯）
側邊布（表）	紙型	2片（燙棉襯）
側邊布（裡）	紙型	2片（燙薄襯）
拉鍊口袋	18×36.5cm	1片（無需燙襯）
水壺袋	紙型	2片（無需燙襯）
扣帶	紙型	2片（燙薄襯）
平板提把	紙型	2片（燙薄襯）
提袋掛耳	8×5cm	1片（燙薄襯）
鉤釦掛耳	紙型	1片（無需燙襯）
垂片	紙型	3片（燙薄襯）
擋片	紙型	2片（燙薄襯）

白色野木棉布

主體④	紙型	2片（燙薄襯）

日本小富士山棉布

平板袋（表）	紙型	2片（燙棉襯）

藍綠色棉布

平板袋（裡）	紙型	2片（燙薄襯）

※以上紙型未含縫份（需外加0.7cm），數字尺寸已含縫份。

How To Make

9 在透明布上黏上水溶性雙面膠,接著將透明布對齊卡片布的背面後黏貼固定,記得翻回正面看位置有沒有歪掉。確認沒問題後翻回正面,壓一圈0.5cm。

10 取一片主體①(表)與卡片布對齊,如圖在卡片布外圍車縫1cm。

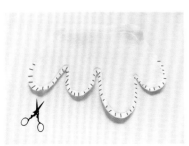

返口

11 將兩片主體②正面相對,在上方預留返口後,如圖車縫曲線。

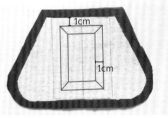

12 在曲線處修剪牙口。

5 如圖先在中間預留好縫份0.7cm後,將其餘的部分剪掉,四個角落剪牙口(修剪時請小心不要剪到車縫線)。

6 翻回正面用熨斗整燙。

7 將卡片布上面的1cm縫份往內摺燙,接著在上面車一道0.3cm。

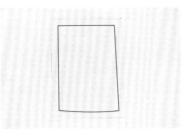

8 在透明布上畫出縫份0.5cm。

Ⓐ 日和富士山卡套

1 將裁好的兩片卡片布正面相對,使用消失筆畫上中心線。

2 先在紙上畫好一個長10cm×寬7cm的長方形紙型。接著將紙型放在其中一片卡片布上,沿邊畫出形狀。

3 在畫好的長方形裡面先畫上一個四邊各往內減1cm的長方形,接著再畫上另一個四邊同樣往內減1cm的長方形,畫好後再畫上對角線。

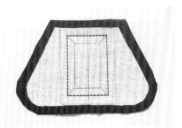

4 將兩片卡片布正面相對,車縫中間的長方框線。

34

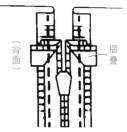

(背面) 摺疊

21 將拉鍊與主體①（表）的前片兩者正面相對，車縫右側一道。記得拉鍊的頭與尾要摺疊做摺角。

22 依照步驟21的作法，將拉鍊另一側固定在主體①（表）的後片上。

23 將主體①（表）的前片與後片兩者正面相對，車縫一圈。

24 請在曲線的地方修剪牙口。

17 從返口翻回正面，用熨斗整燙，接著車縫一圈0.5cm。

1cm

18 將掛耳布兩長邊各往內摺燙1cm，接著再對摺，於上下兩邊各車縫0.3cm固定。

19 將車好的掛耳套進D型環內對摺並車縫固定。

20 將小太陽與掛耳疏縫在主體①（表）的前片身上。

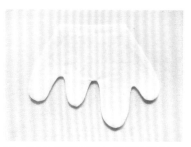

13 從返口翻回正面，用熨斗整燙。

14 將主體②與另一片主體①（表）上邊對齊，車縫0.5cm固定。

返口

15 將兩片小太陽布正面相對，預留一道4cm的返口，車縫一圈。

16 在圓弧處修剪牙口。

2 先將兩長邊往內對摺,接著再
對摺,車縫一道0.3cm固定。

29 翻回正面,完成。

25 在主體①(裡)畫好與拉鍊長
度相同的返口記號。

3 取一片主體③(裡),接著依紙
型標示的提把位置,用粉土筆
在上面畫好對合記號。

26 將兩片主體①(裡)正面相對,
車縫固定。

4 將做好的提袋掛耳對合在步驟
3畫好的記號上,如圖在左右兩
邊壓上兩個小正方形固定。

B 日和富士山後背包

★ 製作內裡可拆式平板袋

27 將車好的裡袋身與表袋身兩
者背面相對,套合在一起。

5 取出備好的扣帶布對摺並用粉
土筆在上面畫好返口記號。

1 將提袋掛耳布四個邊的縫份各
往內摺燙。

28 使用藏針縫將表袋身與裡袋
身縫合固定。

14 將兩片平板提把布正面相對,車縫右側。共需完成兩組。

15 車好後將左右兩邊的縫份如圖往裡燙。

16 將平板提把布對摺回正面並用熨斗整燙,在左右兩邊各車縫0.5cm。

>3cm

>3cm

17 在上下兩邊各畫上3cm的縫份記號線。

18 將平板提把的記號線對齊表袋身上的記號位置後,用絲針固定。

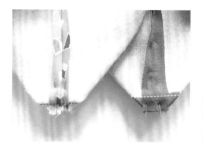

10 將左右兩側下方角落的縫份燙開,對齊好用絲針固定,按照縫份壓一道線。平板袋(裡)作法相同。

(表)
(裡)

11 翻回正面,將平板袋(表)與(裡)兩者背面相對,如圖套合在一起。

12 將左右兩邊的縫份接合點對齊,用絲針固定。

提把位置　中心線　提把位置

13 用水消筆將紙型標示的中心線與提把位置畫在表袋身上。

6 沿著縫份壓一道線,曲線的部分修剪牙口。

7 從返口翻回正面,沿邊車縫0.3cm。

8 將魔鬼氈刺刺的那一片擺放在扣帶布上,如圖車縫固定。

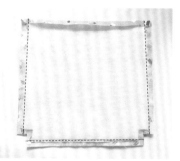

9 將兩片平板袋(表)正面相對,沿著縫份車縫三邊。平板袋(裡)作法相同。

★ 製作鉤釦掛耳

27 將鉤釦掛耳布兩長邊的縫份往內摺燙。

28 接著再對摺,車縫兩道0.2cm固定。

29 將車好的鉤釦掛耳套入問號鉤內,如圖往內摺1.5cm。

30 接著再往內對摺一次,車縫兩道0.3cm固定。

23 沿著縫份車縫,車好從返口翻回正面。

摺山線　　　　摺山線

24 用熨斗整燙,接著依紙型標示畫等份線與摺山線的記號。

25 沿著摺山線的記號對摺,摺好後兩側皆車縫0.3cm固定。

26 完成水壺袋備用。

19 在做好的扣帶上畫出中心線和縫份。

20 將扣帶對齊表袋身上的中心線,用絲針固定並車縫一圈0.5cm(請留意平板提把與扣帶要夾在表袋身與裡袋身中間)。

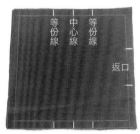

21 將扣帶往下摺,在表袋身上畫出魔鬼氈的對應位置,接著將另一片魔鬼氈車縫上去,完成平板袋。

★ 製作水壺袋

22 將兩片水壺袋布正面相對,依紙型標示用粉土筆畫上中心線、等份線與返口記號。

39 在水壺袋左右兩邊各車縫一道0.3cm。

40 將步驟30製作好的鉤釦掛耳依個人喜好位置車縫在主體③（裡）上。

★ 製作表袋身正面

41 將兩片主體④正面相對，上面預留返口，如圖車縫曲線。

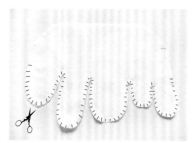

42 在曲線處修剪牙口。接著從返口翻回正面，用熨斗整燙。

35 將拉鍊口袋布塞入長方框內，整理好後用熨斗整燙。

36 將拉鍊擺放在後方，沿著長方形外框車縫一圈。

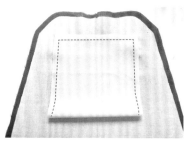

37 翻至背面，將拉鍊口袋布往上對摺，車縫ㄇ字型完成。

38 翻回正面，依紙型標示位置畫上水壺袋記號點，接著把水壺袋對齊記號點，用絲針固定（留意拉鍊口袋要往上翻）。

★ 製作內裡一字拉鍊口袋

31 依紙型標示位置將拉鍊口袋布與另一片主體③（裡）如圖擺放，車縫一道。

32 畫出一個長度為（拉鍊長＋0.5cm）×寬1cm的長方形，接著如圖在左右兩邊各畫出一個Y字型。

33 沿著長方形車縫一圈。

34 用線剪從中間往兩側剪開，剪到Y字型開口時要小心不要剪到車線。

52 將側邊布（裡）與主體③（裡）正面相對，車縫U字型固定。重複相同作法車合另一片主體③（裡），完成裡袋身。

53 同裡袋身作法，將側邊布（表）與兩片主體③（表）車合，完成表袋身。

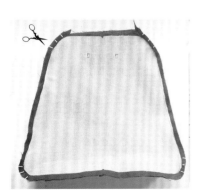

54 將表裡袋身車好之後，如圖在曲線的地方修剪牙口（表袋身和裡袋身皆要）。

48 從返口翻回正面，用熨斗整燙。

49 依紙型標示位置在另一片主體③（表）上畫好記號，接著將垂片與擋片交疊，車縫兩圈0.5cm固定。

50 依紙型標示位置將垂片疏縫在主體③（表）的左右下方。

★ 組合袋身

51 將兩片側邊布（裡）正面相對，底部車縫固定。側邊布（表）作法相同。

43 將主體④與主體③（表）上邊對齊，如圖車縫0.5cm固定。

★ 製作表袋身背面

44 將三片垂片布的左右縫份往內摺燙。

45 將垂片布對摺，左右車縫兩道0.3cm。

46 將垂片套入4吋D型環中，車疏縫線固定。

47 將兩片擋片布正面相對，畫上返口記號後車縫一圈。

63 接著再穿入下方的洞。

64 穿入後，將棉織帶對摺再對摺後車縫，完成背帶。

65 將背帶鉤上合金鉤，完成。

59 袋身製作完成。

★ 製作背帶

60 將四條棉織帶（51cm兩條、46cm兩條）各一頭分別穿入4吋合金鉤內，將棉織帶對摺再對摺，車縫固定。

61 取其中兩條46cm的棉織帶，把它們的另一頭穿入4吋塑膠日型環最上方的洞中，一樣對摺再對摺後車縫固定。

62 車縫好後，同樣再將兩條51cm的織帶另一頭穿入日型環最上方的洞中。

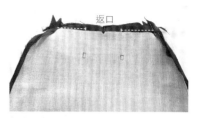

55 將表裡袋身兩者正面相對，把表袋身套入裡袋身中。如圖畫上返口記號，並將四個角落用絲針固定，車縫一圈。

56 翻回正面，將裡袋身塞入表袋身內並整理袋型。

57 在袋口壓一圈0.5cm。

58 將木頭口金對合袋身，並用螺絲鎖上。

119（步驟）終極挑戰！！
妖妖九花魔女後背包

它的外觀十分令人著迷，卻又不得不被它的複雜所震撼，要征服必須有點程度才行，不要退縮，勇敢的挑戰吧！當你擁有它的時候，必然也得到了許多人的崇拜目光，它就是耐心與能力的象徵！

製作示範／古依立　編輯／Forig　成品攝影／林宗億
完成尺寸／A包：寬32cm×高42cm×底寬12cm
　　　　　　B包：寬32cm×高42cm×底寬6.5cm
　　　　　　（高度不含持手）
難易度／☆☆☆☆☆

一體兩款
組合包

Profile

古依立

就是喜歡！就是愛亂搞怪！雖然不是相關科系畢業，一路從無師自通的手縫拼布到臺灣喜佳的才藝副店長，就是憑著這股玩樂的思維，非常認真地玩了將近 20 年的光景，生活就是要開心為人生目標。

合著有：《機縫製造！型男專用手作包》、《型男專用手作包 2：隨身有型男用包》

依葦縫紉館
新竹市東區新莊街40號1樓
（03）666-3739
FB搜尋：「型男專用手作包」

Materials 紙型Ⓐ面

用布量（共）：
表布：防水布2.5尺、光感尼龍布（幅寬75cm）桃紅／寶藍色各4尺。
裡布：緹花裡布（幅寬145cm）5尺。

Ⓐ 包裁布與燙襯：
※以下紙型及尺寸皆已含縫份0.7cm，本次使用的特殊襯為雙面皆無膠，所以需與布料背對背四周疏縫一圈才能固定。

表布／防水布

F1前口袋表布	紙型	1	特殊襯
F2前拉鍊口袋表布	24cm×21.5cm	1	特殊襯
F3前拉鍊口袋裡布	16cm×21.5cm	1	

表布／光彩尼龍布（桃紅）

F4前袋上側身	紙型	2	（正反各1）
F5前袋上中片	19.5cm×24.5cm	1	特殊襯依F13後袋身紙型1份－備用
F6前口袋袋蓋表布	紙型	1	
F7前拉鍊口布	紙型	1	特殊襯
F8包繩布	2.5cm×110cm	2	（斜布紋）

表布／光彩尼龍布（寶藍）

F9前口袋裡布	紙型	1	
F10前口袋袋蓋後背布	紙型	1	特殊襯
F11後拉鍊口布	紙型	1	特殊襯
F12袋底（粗裁）	36cm×15cm	1	厚單膠棉32×11cm＋特殊襯
F13後袋身（粗裁）	36cm×47cm	1	厚單膠棉依紙型不含1cm縫份＋特殊襯
F14側口袋表布	18cm×16cm	1	特殊襯
F15側口袋鬆緊帶檔布	18cm×6cm	1	

裡布／緹花布

B1前口袋底布	33.5cm×21.5cm	1
B2側口袋裡布	18cm×16cm	1
B3前後裡袋身	紙型	2
B4前拉鍊口布	紙型	1
B5後拉鍊口布	紙型	1
B6袋底	33.5cm×12.5cm	1
B7鬆緊帶口袋布	40cm×40cm	2
B8一字拉鍊口袋布	25cm×40cm	1
B9側身貼式口袋	15cm×30cm	1

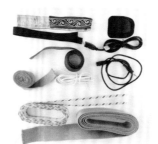

A包其它配件：
USB外接插座×1組、107cm 5#金屬開口夾克拉鍊×1條、18cm 5＃金屬拉鍊×2條、65cm 5＃金屬雙頭拉鍊×1條、20cm 3#拉鍊×1條、細棉繩8尺、2cm人字帶11尺、包邊帶4尺、3cm圖騰緞帶3尺、2cm鬆緊帶3尺、3.8cm織帶8尺、3.8cm日型環×2入、3.8cm問號鉤×2入、3.2cm織帶用皮片×2入、3.2cm問號鉤×2入、2.5cm織帶10尺、2.5cm三角鋅環×2入、2.5cmD型環×2入、蝴蝶結皮片×1入、水鑽鉚釘×1包、磁釦×2組、15mm壓釦×1組。

B 包裁布與燙襯：

※以下紙型及尺寸皆已含縫份0.7cm，本次使用的特殊襯為雙面皆無膠，所以需與布料背對背四周疏縫一圈才能固定。

表布／防水布

F20前袋身	紙型（正面裁布）	1	特殊襯
F21前口袋表布	紙型（正面裁布）	1	特殊襯
F22後袋身（粗裁）	36cm×38cm	1	厚單膠棉依紙型不含1cm縫份＋特殊襯

表布／光彩尼龍布（桃紅）

F23拉鍊口布	紙型	1	特殊襯

表布／光彩尼龍布（寶藍）

F24袋底（粗裁）	36cm×27cm	1	厚單膠棉32×22.5cm＋特殊襯
F25包繩布	2.5cm×110cm	2	（斜布紋）

裡布／緹花布

B11前口袋裡布	紙型（背面裁布）	1	
B12前口袋底布	紙型（正面裁布）	1	特殊襯
B13前後裡袋身	紙型	2	
B14拉鍊口布	紙型	1	
B15袋底	33.5cm×8cm	1	
B16筆電擋布	30cm×60cm	1	厚單膠棉28×30cm＋特殊襯30×30cm＋洋裁襯30×30cm

網眼布

A	28cm×20cm	1
B	28cm×15cm	1
C	43cm×32cm	2

B 包其它配件：

USB外接插座×1組、50cm 5#金屬雙頭拉鍊×1條、70cm 5#金屬雙頭拉鍊×1條、細棉繩8尺、2cm人字帶11尺、包邊帶7尺、3cm圖騰緞帶5尺、2cm鬆緊帶3尺、6cm鬆緊帶1尺、3.8cm織帶4尺、2cm織帶用皮片×3入、2cm D型環×3入、皮革持手×1組、雙面鉚釘×1包、魔鬼氈5cm、1cm平鉤釦×1組。

How To Make

5 口袋布另一側夾車另一條18cm拉鍊。

3 F13作法同上，以（間隔5cm／45度）壓線，依紙型裁剪。

A 包

★ 製作前袋身

特殊襯
厚單膠棉
袋底表布

1 F12袋底粗裁36×15cm＋厚單膠棉32×11cm＋特殊襯36×15cm三層疏縫四周固定。

6 由返口翻回正面，中心點對齊，兩側反折線進來2.5cm車縫固定線。

中心點
2.5cm　2.5cm

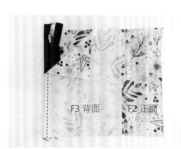

4 F2與F3拉鍊口袋表、裡布夾車18cm拉鍊。

F3 背面　F2 正面

2 以（間隔2cm／45度）壓線後，再裁成完成尺寸33.5×12.5cm。

16 口袋袋蓋背面朝上與F5正面相對，布邊對齊疏縫後，再往上3cm處車縫一道固定線。

17 再取B1前口袋底布正面相對車縫固定。

18 縫份倒向B1，翻回正面壓線，並於B1中心線往兩側各11.5cm畫出車縫記號線。

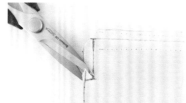

19 取F1與F9前口袋表、裡布正面相對，依（圖示）車縫固定線。兩側直角處剪牙口，轉角處也剪一刀牙口。

11 縫份倒向F4，正面壓線0.3cm。

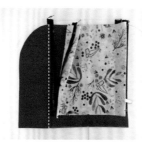

12 同作法完成另一側F4，並疏縫三邊。

13 F10前口袋袋蓋後背布與特殊襯四周疏縫，依紙型位置固定磁釦（公釦）。

14 再與F6正面相對車縫，上方不車，直角處需剪牙口。

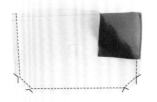

15 由上方翻回正面，沿邊壓線0.3cm，下方中心處釘上蝴蝶結皮片。

7 將F5備用的特殊襯依F13紙型畫出中心線。

中心線

8 取F5前袋上中片置於上方中心線及布邊對齊。

9 將完成的拉鍊口袋置於F5正面上方布邊及拉鍊兩側對齊，再疏縫固定。

10 取F4上側身與拉鍊正面相對車縫固定。

3cm 　　　3cm

29 兩側的底部往上3cm處車縫包繩。

★ 製作拉鍊口布

30 取F7與B4前拉鍊口布表、裡布夾車65cm雙頭拉鍊。

31 翻回正面壓線0.2cm。

32 剪2條7cm長的2.5cm織帶對折,置於兩側(需持出1cm)車縫固定。

0.7cm

33 取F11與B5後拉鍊口布表、裡布夾車拉鍊另一側。兩邊轉角往下0.7cm為車縫止點。

25 再將前口袋與B1的車縫記號線對齊車縫。

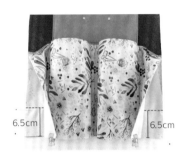

6.5cm 　　　6.5cm

26 將前口袋表布掀開,依(圖示)裡布車縫,做為筆耳底部固定線。

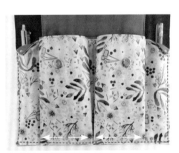

27 前口袋布邊對齊,口袋多餘布料平均倒向兩側,三邊疏縫固定。

28 前袋身筆耳示意圖。

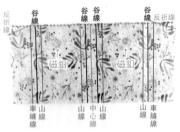

20 翻回正面壓線0.3cm,再依紙型位置打上磁釦(公釦),並畫出山／谷／中心／車縫／反折記號線。

21 依紙型畫出反折線,將左／右角正面對折後釘上鉚釘。

22 於谷折線處正面對折後車縫臨邊線固定。

23 另三條谷線車縫方式同上,車縫好所呈現的樣子。

24 將前口袋置於B1底部布邊及中心點,對齊車縫中心線。

44 將USB外接插座置於表、裡布中間。

45 四周車縫一圈固定線,並將表裡口布三邊疏縫固定。

46 取F15側口袋鬆緊帶檔布於18cm處正面對折車縫固定。

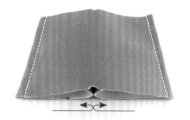

47 翻回正面,縫份兩側攤開並移至中間,兩側壓線0.3cm。

48 背面朝上置於F14側口袋表布上方中心點,疏縫固定。

39 依個人喜好方向於拉鍊口布畫出USB外接插座位置,另剪一片8×8cm的布也畫出記號線。

40 將8×8cm的布重疊於表布上方(正面相對)車縫固定。

41 記號線內留下1cm縫份,剪去中間布料,弧度處再剪牙口。

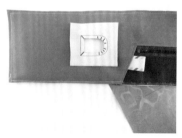

42 將布片翻至背面,先以水溶性膠帶固定。

43 裡布作法同表布39~42。

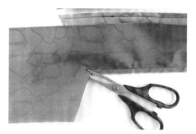

34 裡布轉角處剪牙口。※不要剪到拉鍊。

35 將裡布反折與前拉鍊口布的布邊對齊。

36 表布作法同裡布步驟34~35。

37 三層一併車縫固定。

38 翻回正面壓線0.3cm固定。

59 上方穿入34cm長鬆緊帶，口袋置於B3裡袋身下方對齊，中心包邊帶一起車縫固定。

60 上方鬆緊帶兩端固定好，口袋與裡袋身三邊對齊，口袋底部多出布料平均打摺車縫。

61 另一片作法同上，再將裡袋身＋袋底＋裡袋身底部對齊車縫固定，縫份倒向袋底壓線0.3cm。

★ 製作後袋身與背帶

62 取107cm開口夾克拉鍊（有拉鍊頭）一側（正面朝上），與後袋身中心點及布邊對齊車縫固定。

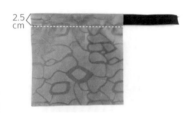

54 取B9側身貼式口袋於30cm處背面對折，折雙邊車縫2.5cm固定線，再穿入2cm寬13cm長的鬆緊帶。

55 擺放於USB外接插座後方（裡布），三邊對齊，口袋底部多出布料平均打摺車縫。

★ 製作裡袋身

10cm

56 取B3裡袋身於袋口往下10cm處完成20cm一字拉鍊口袋。

57 取B7鬆緊帶口袋布於40cm背面對折，剪一條20cm包邊帶對折置於中心線。

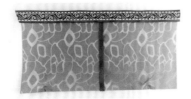

58 折雙邊車縫3cm緞帶。

49 剪2cm鬆緊帶13cm長，擺放在側口袋鬆緊帶檔布置中處。

50 將檔布對折後，再取B2口袋裡布正面相對車縫袋口。

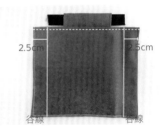

2.5cm   2.5cm

谷線   谷線

51 翻回正面，袋口壓線0.3cm，兩側各進來2.5cm畫出谷線。

52 由谷線將布料正面對折車縫臨邊線，另一側作法相同。

53 疏縫於拉鍊口布另一側。

74 套入2.5cm三角鋅環再將織帶反折車縫固定。

75 取3.8cm及2.5cm織帶各剪2條80cm長,重疊車縫,並於兩端以包邊帶對折包覆車縫。

76 套入問號鉤及日型環製作成背帶,備用。

★ 組合袋身

77 後袋身與袋底車縫,縫份倒向袋底壓線0.3cm固定。

78 前袋身與另一邊袋底車縫,作法同上。

69 取2.5cm織帶剪16cm長,左側進來3cm打上15mm壓釦座,右側布邊可用包邊帶收邊。

70 翻至背面,右側反折2cm再打上15mm壓釦蓋。

71 再置於持手中心車縫固定,持手對折,中間車縫12cm一段。

注意壓釦方向,此面需朝上

72 持手車縫於後袋身中心往兩側各4cm處。※需特別注意壓釦方向!

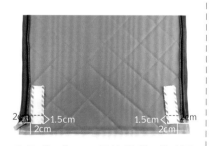

73 剪2條7cm長的織帶,依(圖示)位置車縫於後袋身下方兩側固定。

63 袋底兩側往上3cm處車縫包繩。

64 取3.8cm及2.5cm織帶,各剪2條30cm長,重疊後取其一組車縫兩邊固定。

65 將織帶對折,中間12cm車縫固定。

66 並車縫於前袋身(中心往兩側各4cm)。

67 另一組30cm織帶車縫固定線,兩側各預留6cm不車。

68 兩端分別套入2.5cm D型環。再將兩側車縫固定。

Ⓑ 包

★ 前置作業

| 取F24袋底作法同（A包）步驟1~2完成壓線，裁成完成尺寸33.5×24cm。

2 取F22後袋身作法同（A包）步驟3完成壓線，並依紙型裁剪正確尺寸。

★ 製作前袋身

3 剪20cm包邊帶對折置於（A）網眼布28×20cm中心線，先不車縫！

4 取包邊帶對折包覆上方布邊車縫固定，（B）網眼布上方布邊同作法車縫。

84 後袋身車縫方式同上。

85 取2cm人字帶對折包覆布邊車縫固定。

86 翻回正面，完成A包。

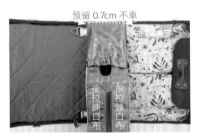

79 再將表、裡袋身背面相對四周疏縫固定。

預留0.7cm不車

80 拉鍊口布底部與袋底中心點對齊車縫固定，兩側需預留0.7cm不車。

81 另一側車縫方式同上。

82 袋身轉角處需剪牙口。

83 前拉鍊口布與前袋身對齊好車縫固定。

尾檔位置
正面朝上
6.5cm   6.5cm
頭檔位置

15 後袋身依（圖示）位置車縫107cm拉鍊另一側。※注意拉鍊頭／尾檔方向位置。

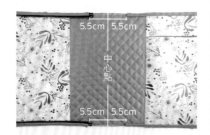

5.5cm 5.5cm
中心點
5.5cm 5.5cm

16 前、後袋身依（圖示）位置車縫好包繩。

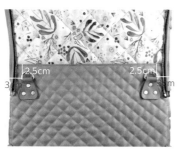

2.5cm   2.5cm

17 後袋身依（圖示）位置打上D環織帶皮片。

★ 製作側身

0.7cm

18 取F23及B14拉鍊口布表、裡夾車70cm雙頭拉鍊。

10 拉鍊另一側與B12布邊對齊車縫固定。

11 再取F20前袋身與底布車縫。

12 縫份倒向F20壓線0.3cm。

13 再與袋底車縫固定，縫份倒向袋底壓線0.3cm。

14 袋底另一邊與後袋身車縫方式同上。

5 將（A）網眼布置於B12前口袋底布上。

7cm

6 （B）網眼布置於（A）網眼布及包邊帶中間車縫固定。再取10cm包邊帶套入平鈎釦依（圖示）位置車縫固定。

7 取F21與B11前口袋表、裡布夾車50cm雙頭拉鍊。

8 弧度處需剪鋸齒牙口。

9 翻回正面壓線0.3cm。

★ 組合袋身

29 裡袋身＋袋底＋裡袋身三片接合，再與表袋身背對背四周疏縫固定。

30 拉鍊口布與袋身（參閱A包：步驟80～84）完成接合。

31 取2cm人字帶對折包覆布邊車縫固定。

32 翻回正面，於拉鍊口布中心打上皮革持手。

33 後袋身中心下3cm處打上2cm織帶用皮片，完成B包。

24 由上方翻回正面。

25 取3.8cm織帶剪40cm長2條，對折包覆上、下布邊車縫固定。再取5cm魔鬼氈（毛面）車縫於袋口中心下3cm處。

26 取3.8cm織帶剪25cm長，末端反折4cm車縫魔鬼氈（刺面）。

27 織帶車縫於B13裡袋身上方中心點，筆電檔布車縫於袋口下11cm處固定。

28 網眼布C：43×32cm共2片（參閱A包：步驟57～60）完成口袋並車縫於B13裡袋身。

19 同A包步驟33～38完成車縫。

20 同A包步驟39～45完成USB外接插座車縫。

★ 製作裡袋身

21 取B16筆電檔布＋厚單膠棉＋特殊襯三層固定。

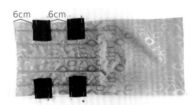

22 正面間隔5cm壓線後，將7cm長的6cm寬鬆緊帶（4條）依圖示位置固定。

23 將右側裡布於正面反折車縫兩側。

型男造型單肩背包

單肩背包是型男最常用的包款，
展現出自信與率性的時尚單品。

時尚藍調
輕便單肩包

淺藍為主色，用深藍色勾勒線條，讓包款更加立體有型。若用圖案布設計製作，可展現出不一樣的風格。包型好看又輕巧，符合男性喜歡輕便出門的性格。

製作示範／楊雪玉
編輯／Forig　成品攝影／詹建華
模特兒／Jason
完成尺寸／寬20cm×高31cm×底寬9cm
難易度／〰〰〰〰

54

Profile

楊雪玉

從 25 年前開始成立木綿拼布工作室一路玩布至今，就愛挑戰自己，
把自己設計的成果跟大家分享，把不斷創新的教學當我人生學習的目標。

目前擔任：
台中木綿拼布工作室專業講師
高雄布窩窩手作教室專業講師
高雄菁卉手作教室專業講師

FB 搜尋：木綿實用拼布藝術

Materials | 紙型 B 面

用布參考：圖案肯尼布 30×55cm、素淺藍肯尼布 55×55cm、素深藍肯尼布 70×45cm、輕質裡布 112×60cm、壓格棉 90×60cm。

裁布與數量：

表布／圖案肯尼布

前口袋	紙型	1
側口袋	紙型	2

表布／素淺藍肯尼布

後片袋身（上）	紙型	1
後片袋身（下）	紙型	1
頂片	紙型	2
前片袋身（上）	紙型	1
後拉鍊口布	紙型	1
前拉鍊口布	紙型	1

表布／素深藍肯尼布

袋底	↕ 54×11cm	1
前口袋拉鍊下擋布	7.5×3cm	1
前口袋拉鍊上擋布	5.5×3cm	1
後口袋拉鍊擋布	3.5×3cm	2
D 圈掛環布	3.5×4cm	2

裡布／輕質布

後片袋身（下）	紙型	1

後片袋身	紙型	2
前片袋身	紙型	1
前口袋	紙型	2（正反各 1）
後拉鍊口布	紙型	1
前拉鍊口布	紙型	1
袋底	↕ 54×11cm	1
內口袋布	↕ 36×21cm	1
前口袋拉鍊下擋布	8×3cm	1
後口袋拉鍊擋布	3.5×3cm	2

壓格棉

後片袋身	紙型	1
前口袋	紙型	1
頂片	紙型	1
前片袋身（上）	紙型	1
後拉鍊口布	紙型	1
前拉鍊口布	紙型	1
袋底	↕ 54×11cm	1

其它配件：

5V 碼裝拉鍊（46cm×1 條、24cm×1 條、18.5cm×1 條）、3V 定吋拉鍊 18cm×1 條、4cm 寬織帶（9cm×1 條、130cm×1 條）、4cm 按址鉤×1 個、4cm 口字環×1 個、4cm 日字環×1 個、2cm D 圈環×2 個、蠟繩或棉繩（前片袋身 105cm、後片袋身 110cm、頂片 25cm）。

※以上紙型未含縫份，需另加 0.7cm 縫份。

09 取前片袋身（上）與前口袋裡布夾車另一邊拉鍊。（縫份0.7cm）

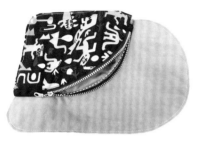

10 翻回正面，在口袋內側壓線0.3cm固定。

11 完成後車縫前口袋左外側。

製作後片袋身

12 後口袋拉鍊擋布表裡布夾車18.5cm拉鍊兩端。

05 翻回正面，壓線固定。

06 車好擋布的拉鍊先與前口袋表布正面相對疏縫固定。

07 再擺放上前口袋裡布，夾車拉鍊。

08 翻回正面，壓線固定。

How to Make

製作前壓格棉

01 將前片袋身、前口袋、裡後片袋身、前拉鍊口布、後拉鍊口布、頂片、袋底與壓格棉四周對齊車縫0.3cm固定。

車縫完成，備用。

02 車縫完成，備用。

製作前口袋

03 口袋拉鍊上擋布與下擋布的製作：24cm拉鍊一端用上擋布包邊式車縫。

04 再取下擋布表裡布夾車另一端拉鍊。

56

型男造型
單肩背包

❨ 製作後片背帶固定環 ❩

21 取 D 圈掛環布，長邊往中間內折，並將兩邊壓線固定。再穿入 D 圈環後對折車縫固定，完成 2 個。

22 取寬 4cm× 長 9cm 織帶穿入口字環，織帶上下邊內折，再放到頂片表布置中車縫。

23 將頂片裡布正面相對蓋上表布，夾車出芽固定。

24 翻回正面，沿邊壓線。

疏縫
壓線

17 翻回正面，沿拉鍊邊壓線 0.3cm 固定，周圍再將表裡布疏縫固定。

❨ 製作出芽 ❩

18 裁剪 2.5cm 寬斜布深藍肯尼布條夾車蠟繩製作成出芽。出芽所需長度：前片袋身 105cm、後片袋身 110cm、頂片 25cm。

19 取前片袋身、後片袋身和頂片，分別將出芽沿邊車縫固定，遇到轉彎處時，出芽需剪牙口才能齊邊車縫。

20 車縫好出芽所呈現的樣子。

13 取後袋身下片表裡布夾車拉鍊。

14 翻回正面，並在拉鍊接合處壓線 0.3cm。

15 將完成的後口袋放在車好壓格棉的裡後片袋身上，下方對齊好疏縫 0.3cm 一圈固定。

16 取後片袋身（上）與上方拉鍊正面相對，車縫 0.7cm 固定。

Cotton Life ‧ 玩布生活

33 取袋底表布,將側口袋分別擺放在袋底兩邊往內 1.5cm 處,並車縫固定。

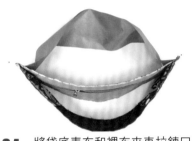

34 將袋底表布和裡布夾車拉鍊口布兩端。

35 翻回正面,表裡布兩邊疏縫整圈固定。

製作內口袋

36 取內口袋布擺放在後袋身裡布,車縫 1×18.5cm 長方框,並如圖剪開。

29 再取車好壓格棉的前拉鍊口布表布和裡布夾車另一邊拉鍊。

30 翻回正面後,沿拉鍊邊壓線 0.3cm 固定。

製作側口袋與袋底

31 取側口袋正面相對對折,車縫弧度處 0.7cm,並剪牙口。

32 翻回正面,沿弧度邊壓線 0.3cm,左右兩邊疏縫固定。

25 將頂片車縫在後片袋身上方; D 圈環車縫在下方弧度轉彎處的上方位置。

製作拉鍊口布

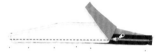

26 取車好壓格棉的後拉鍊口布表布和裡布夾車 46cm 拉鍊。

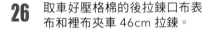

27 翻回正面後,沿拉鍊邊壓線 0.3cm 固定。

28 將兩端多餘的拉鍊布修齊。

44 取 130cm 織帶，一端穿入按址鉤內折好車縫固定。

45 另一端穿入日字環和袋身上方口字環，再穿回日字環內折好車縫固定。

46 完成。

40 再蓋上袋身前片裡布車縫，並留返口。

41 翻回正面所呈現的樣子，記得藏針縫合返口。

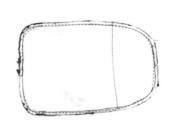

42 側身袋底另一邊與袋身後片對齊車縫一圈。

43 同做法蓋上袋身後片裡布車縫，並留返口翻回正面。

37 將內口袋翻至背面，並擺放上拉鍊，正面四周車縫 0.2cm。

38 翻到背面，內口袋車縫三邊固定。

組合袋身

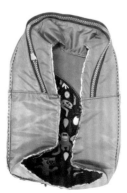

39 袋身前片表布與側身袋底四周對齊，車縫一圈固定。

在這資訊繁多的城市裡，街道上的圖形和數字像是破解不完的密碼，需要不斷的面對與挑戰。運用有這樣意象的圖案布，創作出時尚又有魅力的男用包，背上它讓你更帥氣有型。

製作示範／鍾嘉貞
編輯／Forig　成品攝影／詹建華
模特兒／Jason
完成尺寸／寬 20cm× 高 34cm× 底寬 9.5cm
難易度／

型男造型
單肩背包

Profile

鍾嘉貞

一個熱愛縫紉手作的人，喜歡手作
自由自在的感覺，在美麗的布品中
呈現作品的靈魂讓人倍感開心。
現任飛翔手作縫紉館才藝老師。

飛翔手作有限公司
http://sewingfh0623.pixnet.net/blog
新北市三重區過圳街七巷 32 號
（菜寮捷運站一號出口正後方）
02-2989-9967

Materials｜紙型 B 面

用布量：表布 3 尺、裡布 3 尺、配色布 1 尺、厚布襯 3 尺、
薄布襯 3 尺。

裁布與燙襯：

表布

後袋身	紙型	1	燙厚布襯
前袋身上片	紙型	1	燙厚布襯
前袋身下片	紙型	1	燙厚布襯
袋身前側邊	紙型	2	燙厚布襯
弧形拉鍊布	紙型	2	1 片燙厚布襯，1 片燙薄布襯
拉鍊蓋布	W5.5×L35cm	1	燙薄布襯（都裁正斜布）
拉鍊檔布	W3×L6cm	4	
背帶檔布	紙型	2	燙厚布襯
前口袋中片	紙型	1	燙厚布襯
扣帶布	W8×L32cm	1	

配色布

袋底	W17.5×L11.5cm	1	燙厚布襯

前口袋側邊	紙型（左右各1）	2	燙厚布襯
前口袋袋蓋	紙型	2	燙厚布襯

裡布

前袋身	紙型	2	1 片燙薄布襯
後袋身	紙型	3	1 片燙薄布襯
前袋身上片	紙型	1	燙薄布襯
前袋身下片	紙型	1	燙薄布襯
袋身前側邊	紙型	2	燙薄布襯
前口袋中片	紙型	1	燙薄布襯
前口袋側邊	紙型（左右各1）	2	燙薄布襯
袋底	W17.5×L11.5cm	1	燙薄布襯
內口袋	W15×L30cm	1	

※ 另裁厚布襯 W5×L25cm（1 片）

其它配件：20cm 拉鍊 ×2 條、30cm 拉鍊 ×1 條、
2cm 人字帶 ×4 尺、3.8cm 織帶 ×5 尺、3cm 壓扣
×1 組、3.8cm 三角鋅環 ×2 組、3.8cm 日型環 ×1 組、
3.8cm 旋轉鉤 ×1 組、8mm 鉚釘 ×8 組、長形皮片
×2 片（裝飾拉鍊頭用）。

※ 以上紙型未含縫份，數字尺寸已含 0.7cm 縫份。

09 表布前口袋同作法車縫完成。將縫份錯開整燙,表布縫份朝側邊,裡布縫份朝中心燙平。

10 再將表裡前口袋正面相對,車縫袋口處一道。

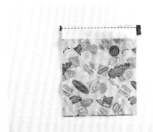

11 翻回正面整燙後,口袋上方壓0.5cm 裝飾線。其他三邊疏縫0.5cm 固定。

⌣ 製作前拉鍊口袋 ⌣

12 取前袋身下片表裡布夾車20cm 拉鍊。

⌣ 製作前袋蓋 ⌣

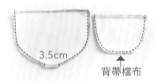

3.5cm　　背帶檔布

05 取 2 片前口袋袋蓋正面相對車縫,袋蓋下端 3.5cm 直線不車做為返口。取 2 片背帶檔布正面相對車縫,上方直線處不車,並用鋸齒剪刀修剪縫份,背帶檔布備用。

06 口袋袋蓋翻回正面,下方開口縫份內折整燙好。

07 將上述步驟 3 的扣環布上端貼上水溶性雙面膠帶,並畫出1.5cm 的記號線。扣環布放入袋蓋底端至記號處,如圖將袋蓋壓上臨邊線。

⌣ 製作前口袋 ⌣

08 取裡布前口袋中片和左右側邊,分別將側邊與中片兩側正面相對,沿邊對齊好車縫。

⌣製作前口袋扣環⌣

01 取扣帶布長邊往內折入 1cm後再對折燙。

02 正面兩邊壓臨邊線固定。

03 剪一段 9cm 長穿過壓扣環(母扣)對折疏縫固定。

04 剩餘的 23cm 穿過另一個扣環(公扣),下端三折 1cm 車縫固定。

22 同作法完成裡布車縫。

23 表布前袋身與側邊袋底接合，底端中心對齊，點對點車縫，剪牙口後轉彎繼續車縫左右兩側固定。

24 前袋身裡布依照個人喜好車縫內口袋。※示範為貼式口袋，完成位置在中心下 12cm 處。

25 裡布前袋身與側邊袋底接合，作法同步驟 23。

17 前袋身上片表裡布夾車另一邊拉鍊。

18 翻回正面壓臨邊線，表裡一起壓住。

19 取 1 片沒有貼襯的前袋身裡布，正面和前袋身背面對齊，四周圍疏縫固定，備用。

🙂 製作側身袋底 🙂

20 取表布袋身前側邊與袋底正面相對車縫。

21 縫份燙開，翻回正面，左右壓臨邊線固定。

13 翻回正面壓臨邊線，表裡一起壓住。

← 19cm →

14 將裡布掀開，從表布底端往上量 19cm 處擺放上前口袋袋蓋，並車縫 0.1cm 和 0.5cm 兩道固定袋蓋。

15 裡布放下來和表布對齊擺放好，取步驟 11 完成的前口袋對齊前袋身下片，三邊疏縫。

16 再取步驟 4 的扣環布，擺放在前口袋下方中心處車縫固定。

34 沿線車縫長方框，針距可調小些車縫。從框的中心剪開，距離兩端1cm處剪Y型牙口。

35 將裡袋身布翻到後面，將框型整燙好。

36 擺放上拉鍊，沿著框的邊緣壓上臨邊線固定拉鍊。

37 取出另1片裡袋身布，正面和後袋身背面對齊，疏縫一圈固定。

31 取弧形拉鍊布表／拉鍊蓋布／弧形拉鍊布裡三層一起夾車另一邊拉鍊。

32 翻回正面所呈現的樣子。（此處不壓線）

製作後袋身拉鍊口袋

3cm
9cm

33 取1片裡袋身與後片袋身正面相對，在開口袋位置先貼上厚布襯做為補強，口袋的位置在從邊緣進來3cm，從底端上去9cm處，畫上1×20.5cm的長方框。

製作開口拉鍊

26 取拉鍊檔布2片夾車30cm拉鍊，翻回正面四周壓臨邊線固定，完成拉鍊頭尾兩端。

27 取拉鍊蓋布對折，車縫兩側短邊，並翻回正面燙平備用。

28 將拉鍊與前袋身上方從中心處沿邊對齊，用水溶性雙面膠帶先黏貼固定。（疏縫亦可）

29 再取裡袋身前片正面相對，夾車拉鍊。

30 翻回正面，此處不壓線。

46 前口袋扣環布下方，也打上 2 顆 8mm 鉚釘做為裝飾。

42 將背帶檔布正面朝上擺放在後袋身上方中心處，疏縫固定。

38 再取 1 片裡袋身布背面相對，疏縫一圈固定，使袋身背後為正面裡布。

47 將織帶穿入日型環和旋轉鉤，再穿回日型環，織帶邊內折好，打上 2 顆 8mm 鉚釘固定即完成。
※ 拉鍊頭依個人喜好可打上皮片做為裝飾。

鉚釘

組合袋身

製作後背帶

43 將袋口拉鍊打開做為返口，再將步驟 32 的另一邊與後袋身正面相對車縫一圈。

39 取步驟 5 車縫好的背帶檔布，翻回正面壓臨邊線。

44 再用 2cm 人字帶包住縫份邊車縫一圈。

40 將織帶置中擺放在背帶檔布上，沿織帶臨邊線車縫固定（車 8cm 長的框）。

45 翻回正面，背帶檔布中心往下 1.5cm 和 4cm 處打上 8mm 鉚釘做為裝飾。

41 剪兩段 9cm 長織帶穿入三角鋅環，對折固定在後袋身底端往上 3cm 處，完成兩側。

霸氣獅子王肩背包

運用叢林猛獸的布料製作男用肩背包，威武雄壯的獅子王，堅定看向前方的銳利眼神，更能突顯出男子氣概的魅力。肩背包前方有立體口袋和拉鍊口袋，實用性高又有型。

製作示範／丫呂
編輯／Forig　成品攝影／詹建華
模特兒／Jason
完成尺寸／寬 22cm×高 38cm×底寬 7cm
難易度／

Profile

ㄚ呂

2011 年因為異想天開想幫樂團的同伴製作大尺寸
演出禮服，摸索約一個月後創造出四套團體演出
服，從此進入了手作的世界。喜歡在大膽自由的配
色中，激盪出各式原創作品，吸引海外多國粉絲來
台學習製作，讓原創包可以成為流行的時尚精品。

FB 搜尋：ㄚ呂原創

Materials ｜紙型 C 面

用布參考：圖案布 1 尺、防潑水帆布半碼（1.5 尺）、尼龍裡布半碼、厚布襯半碼。

裁布與燙襯：

表布／圖案布

前立體口袋	紙型 A	1	燙含縫份厚布襯
後袋身	紙型 E	1	

先燙 1 片不含縫份厚布襯，再燙 1 片含縫份的厚布襯。

表布／防潑水帆布

前口袋裝飾（下）	紙型 B	2	不需燙襯
前拉鍊口袋布	紙型 C	1	不需燙襯
拉鍊口袋側身	1.8×53cm（D）	1	不需燙襯
前袋身	紙型 E	1	不需燙襯
上側身	8.6×53.6cm（F）	1	不需燙襯
下側身	7.4×47.5cm（G）	1	不需燙襯
前口袋裝飾（上）	紙型 H	1	不需燙襯

裡布／尼龍布

前立體口袋	紙型 A	1	不燙襯
前拉鍊口袋布	紙型 C	1	不燙襯
拉鍊口袋側身	1.8×53cm（D）	1	不燙襯
前後袋身	紙型 E	2	不燙襯
上側身	8.6×53.6cm（F）	1	不燙襯
下側身	7.4×47.5cm（G）	1	不燙襯
內裡口袋 a	40×24cm	1	不燙襯
內裡口袋 b	30×24cm	1	不燙襯
內裡口袋檔布	6×24cm	1	不燙襯

其它配件：

5V 金屬碼裝拉鍊（32cm×1 條、55cm×1 條）、金
屬拉鍊頭 ×2 個、3.2cm 日型環 ×1 個、3.2cm 口型
環 ×1 個、3.2cm 織帶（20cm×1 條、130cm×1 條、
5cm×1 條）、雞眼式磁鈕 ×1 組、10mm 雙面撞釘
×2 組、裝飾牌 ×1 組、2cm 螺紋織帶 ×2 碼。

※ 以上紙型和數字尺寸皆未含縫份。

製作前立體口袋

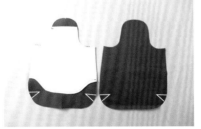

09 翻至正面於上方圓弧處壓裝飾線,並安裝上雞眼磁釦母釦。

05 再將 H 對齊於前立體口袋 A 上緣,在 H 的下方直線處沿臨邊壓線固定,並剪去 A 上方多餘的布料。

01 取前口袋裝飾片 B,上緣圓弧線剪牙口,並於背面貼上雙面膠,內折 0.7cm 黏貼好。

10 取表前拉鍊口袋布 C,將立體口袋對齊擺放上去,依圖示疏縫固定。

06 在表、裡 A 的底部依紙型畫出袋底打角,共 4 個。

02 再將 B 對齊於前立體口袋 A 下緣,在 B 的上緣弧度沿臨邊壓線固定。

製作前拉鍊口袋

03 翻至背面,剪去 A 下方多餘的布料。

11 取拉鍊口袋側身 D 表、裡布,兩端夾車 32cm 的 5V 碼裝拉鍊(含拉鍊頭)。

07 並將打角點對點折起後車縫,再剪開縫份,止點於距離頂點 0.5cm 處,縫份攤開。

12 翻至正面成一個圈狀,並將表、裡布長邊疏縫固定。

08 取 A 裡布與表布正面相對,上方圓弧處車合後,再以鋸齒剪刀剪出牙口。

04 取前口袋裝飾片 H,於背面下緣處貼上雙面膠,內折 0.7cm 黏貼好。

22 取下側身 G 表、裡布，夾車上側身兩邊固定。

23 翻回正面，表、裡布兩長邊疏縫固定。

製作裡袋身

24 取內裡口袋 a、b，分別對折，折雙處壓線一道。

25 將 b 疊在 a 上方對齊，再取內裡口袋檔布擺上，下方一起車縫固定。

26 檔布翻正擺放在後裡袋身 E 下方置中對齊，壓線 0.5cm 固定。

1cm   1cm

17 將步驟 15 的拉鍊內側對齊標示線，標示線起點與止點為兩側往內 1cm 處，車縫固定。

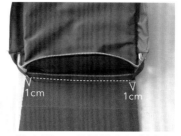

裝飾牌
雞眼磁釦

18 再將前立體口袋翻正，周圍對齊疏縫於袋身，並在袋身對應位置裝上雞眼磁釦公釦，袋身上方中心裝上裝飾牌。

製作上下側身

4.5cm   2cm

19 取表上側身 F，畫出 2cm 和 4.5cm 的記號線，再取 55cm 碼裝拉鍊一邊，沿邊對齊車縫固定。

20 取裡布 F 與表布正面相對夾車拉鍊。

疏縫

21 翻回正面，依表布記號線折 2cm，車縫 4.5cm，下方與裡布疏縫，並剪掉多餘的裡布。

13 再與步驟 10 的 C 正面相對，上下中心點先固定，再沿邊對齊好，車縫一圈。

返口

14 取 C 裡布與表布正面相對，將上步驟的立體前口袋上方往下折，裡布蓋上對齊，車縫一圈留返口。

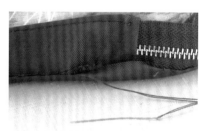

15 從返口翻至正面，以藏針縫縫合返口。

13.5cm

16 取前袋身 E，由上方往下 13.5cm 處畫出記號，沿著畫線邊上貼上雙面膠。

35 織帶再穿入日型環和下方口型環，另一邊套回日型環後內折車縫固定，製作成肩背帶。

31 再取裡前袋身蓋上，包住側身，對齊上步驟車縫的邊，再車縫一圈留返口。

返口

27 沿袋身臨邊車縫 U 字型固定內裡口袋。並齊邊將多餘布料修剪掉。

⌣ **製作表後袋身** ⌣

36 完成。

⌣ **製作教學影片** ⌣

[QR code]

※ 影片 10：50 處請看 P.69 步驟 18 的講解。

32 翻至正面所呈現的樣子，並將返口藏針縫合。

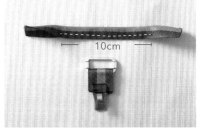

10cm

28 取 3.2cm 織帶 20cm 對折，中間車合 10cm 固定，製作手提織帶。再取 5cm 織帶穿入口環對折，用強力夾暫固定。

33 先將表、裡後袋身背面相對疏縫一圈，再與側身另一邊對齊好車合。縫份用包邊螺紋織帶車縫一圈固定。

3.3

29 將手提織帶擺放在表後袋身上方中心往左右各 3cm 處（織帶內角），車縫固定。中心下方車縫上口環織帶。

⌣ **組合袋身** ⌣

34 袋身翻回正面，取 130cm 織帶，一端套入手提把，織帶邊往內折好後用鉚釘固定。

30 取步驟 18 和 23 完成的前袋身與側身正面相對，周圍沿邊對齊好車縫固定。

打版進階 ③
吐司包變化款二
拉鍊口布與袋身一體成型變化 ②

解說文／淩婉芬　編輯／Forig　成品攝影／林宗億

示範尺寸／寬 20cm× 高 16cm× 底寬 10cm

難易度／★★★★

Profile

淩婉芬

原從事廣告行銷企劃工作，土木工程畢業。在一次因緣
際會下接觸拼布畫與拼布包，便一頭栽進布的世界裡。
由於包包創作實在太有趣，因此開始研究各種包款的版
型，進而創立一套比較有系統的版型規劃方式。目前從
事網路教學，舉凡包包製作、版型規畫、手工書、拼貼、
手工皮件等均為教學範圍。

著作：帶你輕鬆打版。快樂作包
　　　打版必學！同版雙包大解密

布同凡饗的手作花園
http://mia1208.pixnet.net/blog
email：joyce12088@gmail.com

一、說明：

本單元示範拉鍊口布與袋身一體成型的計算方式，也就是一般常見的吐司型筆袋或化妝包的
變化包款，這種類型的包款可延伸的款式眾多，將分為兩單元，針對較基本的變化，來作示
範說明，如此一來，之後可以運用在更多的包款中 。
單元2示範袋身曲線款，雙層腰包款的尺寸大小則可依照個人喜好的方式來設計；打版所需
常見工具或常識，以及基本公式等，請參照打版入門（一）～（十一）。

二、包款範例：

示範包款尺寸：寬20cm×高16cm×底寬10cm
◎尺寸算法可參照打版入門或設計成自己喜歡或需要的大小。
◎腰帶和背帶寬度與長度視個人使用習慣即可，沒有固定的算法。

三、繪製版型：

① 根據已知的尺寸大小先畫出袋身概略外框

◎ 左右對稱的版型可畫1/2版。（以下均以此表示）

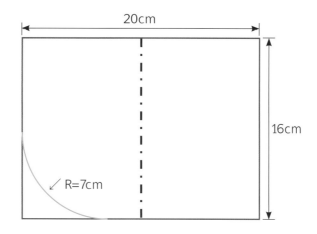

20cm

16cm

R＝7cm

② 制定袋身底圓角，範例為R＝7cm

　　先畫在①版上（綠色線的部分）

③ 決定想要使用的拉鍊尺寸：

　　此種款式拉鍊的決定方式，有2點需要考慮進來

　　A.袋身上端的寬度　　B.側身高度

　　※示範的包款上端尺寸為18cm，側身高度是16cm。

　　拉鍊要延伸到兩側的側身→拉鍊可使用現成的固定尺寸30cm。

　　（更長或更短都可以，但示範側身不是很高，因此不建議使用太長的拉鍊，

　　　都可嘗試會有不同效果）

　　30－18＝12cm→表示延伸到兩側的側身為各6cm

　　◎ 示範包款側身寬度：上寬5cm，使用拉鍊寬度1cm，

　　口布先扣除1cm → 5－1＝4cm→拉鍊口布寬度4/2＝2cm

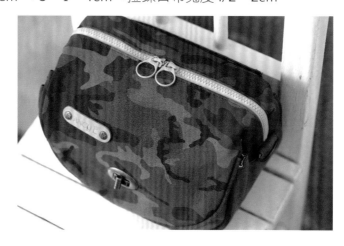

④ 先繪製加上拉鍊口布的部分，袋身上
　端的版型（藍線的部分）。

將AB兩點連接起來成為袋身的部分，如
此袋身也可以是有變化的梯形，為了讓
版型更有變化，因此示範包款：

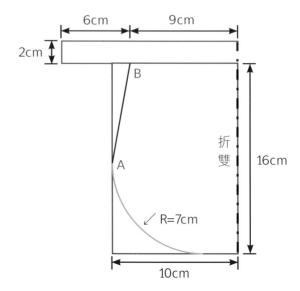

◎側身尺寸

▶因此拉鍊口布下的寬度＋1＝3cm

◎調整後袋身版型

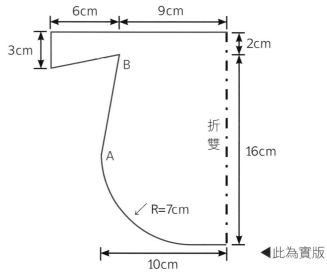

◀此為實版

⑤ 制定側身連接底版型
　由上述側身尺寸得知寬度為7cm，整個連到底為一長方形
　→ $\overline{AB}$ 線段長度連起來後，用尺量即可得出2.9cm
　（2.9＋11＋3）×2＝33.8cm（整個長度）
　→側身版連底為長條型

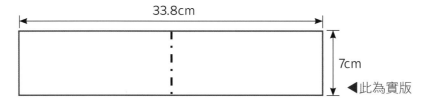

◀此為實版

可只記下數字即可→7×33.8cm

⑥ 前口袋制定：

由於前口袋不參與整個袋身的尺寸計算
→可自由決定口袋的大小
由袋身版型畫一下想要的口袋高度。
範例：紫色線的部分為口袋高度

◎前口袋版型

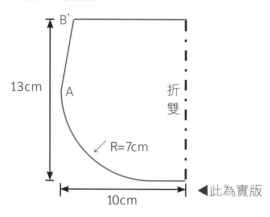

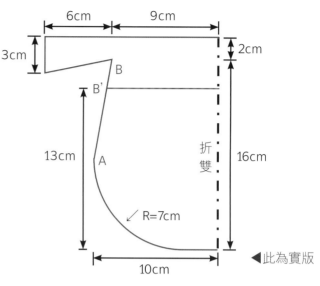

⑦ 前口袋側身計算

→以尺量出$\overline{AB'}$線段長度＝6cm
由整個側身寬度10cm－主袋身寬7cm＝3cm
這部份的側身寬度也可以依照個人想要放的
物品最寬來制定（此範例參考尺寸）

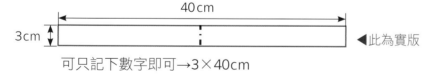

可只記下數字即可→3×40cm

⑧ 前袋蓋制定：

前袋蓋不參與整個袋身的尺寸計算
→可自由決定袋蓋的大小

→可由袋身版型畫想要的袋蓋大小

範例：橘色線的部分為袋蓋大小

袋蓋圓弧可隨意制訂（範例同樣定為7cm）

◎袋蓋版型

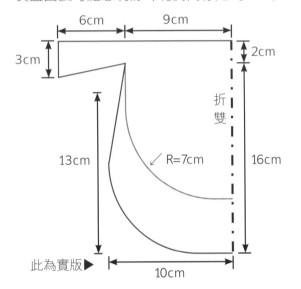

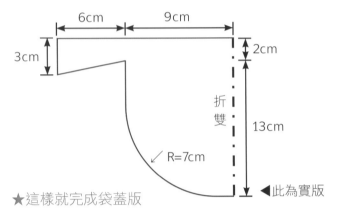

★這樣就完成袋蓋版

⑨重新檢查與核算所有數字後就可以製作包款。

◎示範：前口袋變化型雙層後背包

同樣的版型畫法，僅有前口袋作變化，就可以呈現不同的包款。

→思考一下：這樣的雙摺子前口袋底該怎麼畫板型呢？

◎學會本單元的基本型就可以變化出這款前口袋的變化雙層後背包。

四、問題。思考：

（1）如果在設計時，袋蓋如果不想與整體相連會變成？

（2）側身連結底的部分如果想做成梯形該怎麼設計？

（3）側身可以做摺子嗎？

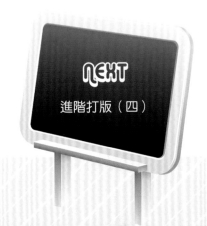

NEXT

進階打版（四）

布作家必做實用雜貨

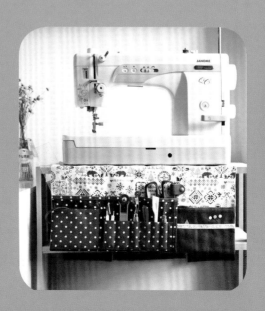

身為布作家一定要會做的雜貨，
讓你在創作時收納更靈活方便。

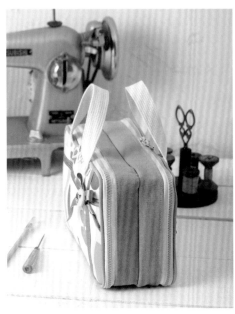

製作示範／賴佳君（檸檬媽）

編輯／Forig　成品攝影／詹建華

完成尺寸／寬 25cm× 高 16cm× 底寬 10cm

難易度／★★★

雙開禮盒工具袋著走

符合手作家需求的收納工具袋，外出上課輕鬆帶著走，

在家手作時收納工具也很方便。

雙開的設計，透明的口袋，工具放哪一目了然，

是手作家不可或缺的配備之一。

● 製作直立式口袋

9 取 2 片直立式口袋布 D,正面相對車縫上方。

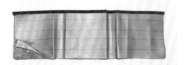

10 翻回正面,2 片下方對齊,上方形成假包邊。(可使用骨筆依記號處壓出摺痕)

(背面)

11 將三邊疏縫固定。

12 取 1 片裡袋身 A,將口袋依紙型山谷線折好,並對齊擺放在袋身上,U 型疏縫固定。

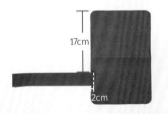

17cm
2cm

5 再取另一片裡袋身 A 當隔層布,將寬 3.7cm× 長 23cm 鬆緊帶固定於距上邊 17cm 及距左邊 2cm 處,正正相對車縫。

6 將鬆緊帶翻回正面後請依個人慣用工具車縫間隔線。

7 裡隔層布背面相對對折後車縫 0.3cm 一圈。

8 再將隔層布擺放在步驟 4 的裡袋身下方對齊,車縫 U 型固定。

● 製作貼式口袋和間隔口袋

2.5cm

1 取粗裁的點點塑膠布,上方先用寬 4cm 長約 28cm 的包邊斜紋布車縫。再取裡袋身 A,將塑膠布距裡袋身上方 2.5cm 處疏縫 U 型固定,並修剪掉多餘的塑膠布。

2 取保護蓋版型 B,將白紙墊在下方,用長 38cm 的包邊條,依圖示沿摺線車縫。

3 將包邊條翻到背面,折好後從正面沿邊壓線車縫 U 型,車好後剪掉多餘的包邊及撕掉下方白紙。

4 取裡袋身 A,將保護蓋置中對齊上方車縫固定。

21 取裡貼式口袋與表袋身背面相對，車縫一圈固定。

17 在拉鍊前後端車縫上合成皮擋片，並取 1 片裡袋身，將車好拉鍊的透明布對齊疏縫一圈固定。

13 依記號處車縫間隔線（共兩條），並修剪出下方弧度。
※ 可放入的縫紉工具示意圖。

22 取側擋布 C，正面相對對折後車縫 L 型（斜邊為返口），共完成 4 片。

後內部

前內部

18 完成所有裡口袋，圖示左半邊為前內部配置，右半邊為後內部配置。

14 取 8 吋定吋拉鍊將前頭手縫 2、3 圈固定。

● 製作表袋身

23 車好如圖示，翻回正面前直角處需剪斜角。

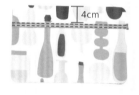

4cm

19 取表袋身 A，將 27cm 緞帶距上布邊 4cm 處車縫兩道裝飾線固定。

15 再取塑膠透明布 A，由上往下 4cm 處裁切成上片和下片，換上塑膠壓腳，拉鍊與上片正面相對車縫。

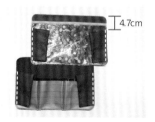

4.7cm

24 將側擋布分別固定在裡貼式口袋和裡直立式口袋（前內部配置），距上布邊 4.7cm 位置，左右兩側都要車縫。

4cm

20 再將 18cm 緞帶距右布邊 4cm 處車縫兩道裝飾線。取 38cm 緞帶打好蝴蝶結後車縫固定於十字交接處，蝴蝶結右下角以螺旋狀收尾固定，再修剪多餘緞帶。
※ 緞帶若鬚邊請用打火機藍火燒一下。

16 另一邊拉鍊再與下片正面相對車縫，並翻回正面，上、下片沿邊壓線固定。

33 頭尾端拉鍊齒可拔掉 2、3
顆，再取表、裡袋底正面相
對夾車拉鍊口布兩端。

壓線

疏縫

34 翻回正面，兩邊壓線後，再
將表、裡拉鍊口布對齊好疏
縫一圈。

35 表袋身與側身正面相對，四
周對齊好車縫一圈。（可先
固定上下左右中心點再慢慢
接合）

36 翻回正面，同作法完成另一
片袋身與側身的車縫。

29 取裡隔層口袋與表袋身背面
相對，對齊好疏縫一圈。

30 重覆步驟 25 ～ 27 完成另
一片袋身。

● 製作側身

31 取表、裡拉鍊口布夾車
63.5cm 拉鍊。

32 翻回正面壓線，並將拉鍊頭
由左、右方套入。

25 取 2.5cm 寬出芽布條 87cm
長，對折夾入 3mm 透明管
車縫，再沿邊車縫於表袋身
一圈。

26 出芽轉彎處剪 2、3 個牙口
再繼續車縫。

27 袋身上方距中心點左右各
4.5cm 處車縫上手提織帶。

28 將皮革專屬標依個人喜好位
置固定於另一片表袋身上。

● 組合袋身

45　另一個角度。

41　翻回正面後拉鍊拉起來示意圖。

37　翻到背面,將表袋身縫份處做包邊處理。

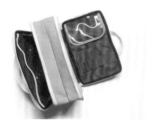

46　翻回正面。左開設計側擋布可裝更多工具,右開設計全開更方便收納和拿取。

42　拉鍊口布另一邊與裡拉鍊口袋對齊,強力夾固定一圈。

38　同作法共完成 2 個表袋身的縫份包邊。

47　織帶分別打上雙面鉚釘,並在蝴蝶結中央處縫上包釦即完成。

43　平面示意圖。

39　取直立式口袋和拉鍊口袋,背面相對疏縫一圈。

44　將兩個表袋身正面相對車縫一圈後,縫份處包邊處理。(此時拉鍊全開)

40　表袋身拉鍊拉全開,裡直立式口袋朝上,裡貼式口袋朝下(也就是裡拉鍊口袋與表袋身正面相對),拉出兩邊側擋布車縫,上下需回針兩次。

兔子與她的朋友們收納三件組

我們個頭小小但是志氣很高，
就讓茶茶兔我與好朋友小貓咪及球球
一起來守護你的縫紉工具吧！

設計製作／安安・金可蘿
編輯／兔吉　成品攝影／蕭維剛
難易度／★★

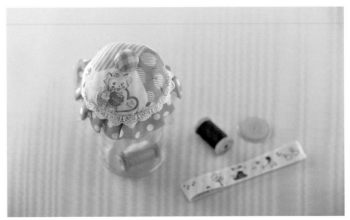

1.
小貓咪常用工具收納袋

Practical groceries

示範作品尺寸／長 11.5cmX 寬 16cm

Materials 紙型 D 面

主要布料：

超厚白色不織布、超厚灰色不織布、粉底小花舖棉布、粉色棉布、彩色印花布、
白色棉布、藍色格紋布、黑色不織布。

其他配件：

緞帶、暗釦。

超厚白色不織布

A1 貓咪身體	紙型	2 片
A2 針插	紙型	1 片

超厚灰色不織布

B1 貓耳朵	紙型	4 片（左右各 2 片）
B2 貓尾巴	紙型	2 片

粉底小花舖棉布

C 大口袋表布	23X9cm	1 片

粉色棉布

D1 大口袋裡布	23X9cm	1 片
D2 貓鼻子	紙型	1 片

彩色印花布

E 小口袋表布	10X7cm	1 片

白色棉布

F 小口袋裡布	10X7cm	1 片

藍色格紋布

G 針插底布	紙型	1 片

黑色不織布

H 貓眼睛	紙型	2 片

※ 以上紙型或數字尺寸皆已含縫份 0.7~1cm，若為不織布則不需要特別預留縫份。

Profile

安安・金可蘿

從任職國內最大童裝品牌到台灣創意市集第一代創作人，2008 年出版《我的手作收納雜貨舖》
（朵琳出版）。曾參與多間咖啡店餐飲設計 / 內場，並於 2012 年開設個人咖啡店 - TOT Ta-Ta，以
假掰少女漫畫咖啡店著稱，曾參與台灣設計師週、與日本 IP 豆腐人聯名合作等。
實體空間結束後目前為宅系手作人，兩兔兩貓與滿屋漫畫與文學下，熱鬧靜好並存的平淡生活中。

FB 搜尋：我的兔子朋友

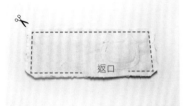

9 將大口袋表裡布 C 與 D1 正面相對，預留返口後車縫一圈。接著在四個角落修剪縫份。

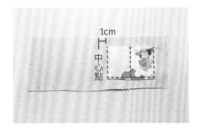

5 從返口翻回正面，整理外形並用熨斗整燙。

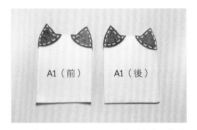

1 將貓耳朵 B1 如圖擺放在貓咪身體 A1 上，沿邊車縫 0.1cm，共需完成兩片。

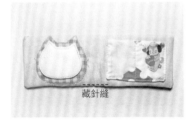

10 從返口翻回正面，用熨斗整燙好大口袋，接著藏針縫縫合返口。

6 先找出大口袋裡布 D1 的中心點，接著將小口袋放置在距離中心點右邊 1cm 的位置，車縫固定。接著可在小口袋中間車縫一道隔間。

2 依紙型標示手縫眼睛與鼻子在 A1（前）上，鬍鬚與嘴巴則採回針縫的作法縫上。

11 將大口袋如圖擺放在 A1（前）上，車縫一圈固定。

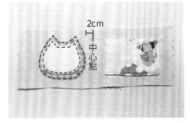

7 將針插底布 G 放置在離中心點左邊 2cm 的地方，車縫一圈。接著再將針插布 A2 置中擺放並固定在 G 上。

3 將小口袋表裡布 E 與 F 正面相對，預留返口後車縫一圈。

12 將兩片貓尾巴 B2 背面相對，手縫毛邊縫。

8 如圖將裝飾緞帶車縫在大口袋表布 C 上。

4 如圖將四周縫份用熨斗摺燙。

2.
茶茶兔布剪套

13 可依照個人喜好位置將貓尾巴擺放在 A1（後）上，手縫固定。

14 將兩片 A1 背面相對，手縫毛邊縫一圈。

示範作品尺寸／
長 10cmX 高 23.5cmX 底寬 3cm
（※ 本作品適用的布剪刀約長 20~21cm 左右）

Materials 紙型 D 面

15 手縫上暗釦。

主要布料：

綠底白花舖棉布、超厚灰色不織布、咖啡色不織布、粉底白點布。

其他配件：

舖棉（薄）、髮圈。

綠底白花舖棉布
A 布剪套表布	12X27cm	2 片

超厚灰色不織布
B 布剪套裡布	12X25.5cm	2 片

咖啡色不織布
C 兔子頭	紙型	2 片

粉底白點布
D 蝴蝶結	7X11cm	1 片

16 完成。

※ 以上紙型或數字尺寸皆已含縫份 0.7~1cm，若為不織布則不需要特別預留縫份。

10 從返口翻回正面,使用藏針縫縫合返口。

11 如圖將蝴蝶結中間抓皺,繞圈手縫固定。

12 可依照個人喜好加上緞帶或是蕾絲裝飾。

13 將蝴蝶結手縫固定在 C 上。

14 在距離布剪套上端 0.5cm 處將 C 手縫固定,完成。

5 如圖將表布 A 的縫份往下摺與裡布 B 對齊,接著把髮圈置中夾進 A 與 B 中,車縫一圈固定。

6 用水消筆將紙型標示的眼睛、鼻子與鬍鬚的位置畫在兔子頭 C 上,接著採回針縫作法一一縫上。

7 將兩片 C 背面相對,記得預留返口後車縫一圈。

8 可依個人喜好塞入適量棉花,讓兔子頭呈現澎澎感,塞好後車縫返口。

9 將蝴蝶結布 D 先摺一半燙上鋪棉(薄),預留返口後如圖車縫,接著修剪角落的縫份。

1 將兩片布剪套裡布 B 正面相對,車縫三邊。

2 如圖在下方角落抓 3cm 車縫一道,完成左右兩個底角。

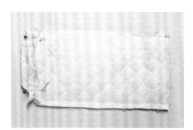

3 同步驟 1~2,將布剪套表布 A 完成。

4 將布剪套表裡布 A 與 B 兩者背面相對,套合在一起。

3.
球球針插玻璃罐

示範作品尺寸／總高 15cmX 圓底直徑 7cm

Materials 紙型 D 面

主要布料：

彩色印花布、藍色格紋布、灰色不織布。

其他配件：

玻璃罐、緞帶、棉花。

※ 本作品示範用的玻璃罐尺寸為高 12cmX 圓底直徑 7cm，其中瓶蓋高 1cm。

彩色印花布

A 針插布	紙型	1 片

藍色格紋布

B 裝飾球布	紙型	1 片

灰色不織布

C 蓋子底布	紙型	1 片

※ 以上紙型或數字尺寸皆已含縫份 0.7~1cm，若為不織布則不需要特別
預留縫份。

9 可再依個人喜好額外加上其他裝飾。

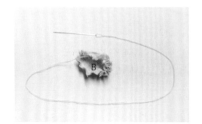

5 同步驟 1 作法,將裝飾球布 B 外圍取 0.2~0.3cm 左右的距離縮縫一圈。

1 將針插布 A 外圍取 0.2~0.3cm 左右的距離縮縫一圈。

10 完成。

6 依個人喜好放入適量的棉花,接著將線拉緊打結,製作好裝飾小圓球。

2 依個人喜好放入適量的棉花與玻璃罐的蓋子。

7 將步驟 6 完成的裝飾小圓球手縫固定在 A 的上面。

3 將縫線拉緊(註:記得不要將線拉太緊,要預留一點空間以防蓋子蓋不上去)。

8 將緞帶手縫固定在 A 的側邊,可以縫兩圈加強固定。

4 將蓋子底布 C 覆蓋在 A 的開口上,手縫固定遮住開口(註:縫好後可以試蓋在罐子上看是否過緊或過鬆)。

兩用收納捲捲包

就是一個暖暖內含光。

把常用的縫紉工具收收收，捲捲捲。

創作的時候把它攤開放在縫紉機底下，

有條有理有品味。

設計製作／SASA

示範作品尺寸／長 52cmX 寬 42cm

編輯／兔吉　成品攝影／張詣

難易度／★★☆

Practical groceries

Materials

主要布料：

印花布、米色布、藍色點點布、紅色點點布、酒紅色布、襯。

其他配件：

15cm 拉鍊 1 條、三角形裝飾皮片 1 片、橢圓形皮片 1 片、皮片飾牌 1 組、撞釘磁釦 1 組、鉚釘 4 組、42cm 皮條 1 條、18cm 緞帶 1 條。

A 印花布		
A1 表布	長 54X 寬 44cm	1 片
B 米色布		
B1 表布	長 54X 寬 44cm	1 片
B2 拉鏈口袋	長 18X 寬 14cm	1 片
C 藍色點點布		
C1 口袋①	長 37X 寬 17cm	1 片
C2 包邊條①	長 16X 寬 3cm	1 片
C3 包邊條②	長 16X 寬 4cm	1 片
D 紅色點點布		
D1 包邊條③	長 38.5X 寬 4cm	1 片
D2 口袋②	長 24X 寬 15cm	1 片
D3 口袋③	長 22X 寬 18cm	1 片
E 酒紅色布		
E1 拉鍊口袋	長 18X 寬 14cm	1 片
F 襯		
F1 口袋①	長 37X 寬 16cm	1 片

※ 以上尺寸皆已含縫份 1cm。

Profile

SASA

「喜歡布作的溫暖、讓日子變的美麗；喜歡隨意的創作，讓日子變的有趣。」 這就是 SASA 的手作風格，擅長用繽紛可愛的配色創作出令人溫馨的作品。從 2010 年開始就將手作與生活結合，多次參與雜誌和電視節目錄影。

2014 年創立「Teresa House」工作室，專研布包作品以及布作教學。

2018 年新創立設計品牌 SASHA 布作設計，"h" is hand , is home ，Sasa + h = SASHA 品牌精神就是希望大家能和 SASA 一起透過手作，創造出屬於自已美麗的生活。

FB 搜尋：SASHA 布作設計

網站：http://www.sashadstw.com/

How To Make

8 如圖在 D2 與 D3 袋口 0.2cm 與 0.7cm 處各壓一道線。

1cm

9 將口袋 C1 的背面燙上襯，貼齊上方預留的縫份 1cm。

1.5cm

10 如圖在 C1 正面下方 1.5cm 處先畫上一條記號線。

11 將步驟 8 製作好的 D2 貼齊上一個步驟畫好的 1.5cm 記號線，車縫三邊固定。

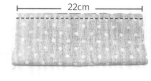

22cm

5 同步驟 4 的作法，將口袋 D3 中 22cm 的那端正面相對車縫固定。

6 將 D2 與 D3 的縫份往中間處攤開，用熨斗燙平。

7 將 D2 與 D3 翻回正面，用熨斗整燙。

E1 正面　　B2 背面

1 將拉鍊正面朝下，與拉鍊口袋 E1 正面相對且中央對齊，接著再疊上 B2，車縫上方縫份 0.5cm。

2 翻回正面整燙。

4cm　3cm

3 如圖車上裝飾用的緞帶與皮片，下方米色布記得翻開不要車到。

15cm

4 將口袋 D2 中 15cm 那端正面相對，車縫一道。

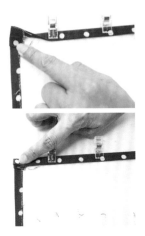

0.8cm

15 將包邊條 C2 上下兩邊各往內摺 0.8cm，用熨斗整燙。

12 將 D3 的下方同樣貼齊畫好的 1.5cm 記號線，車縫三邊固定。接著可依個人需求設計隔間大小。

16 如圖將包邊條 C2 放在口袋 D2 與 D3 的中間，車縫左右兩邊各 0.2cm。

13 在包邊條 C3 上先畫出一條中心線，將上下兩邊往中心線對摺，接著再對摺，用熨斗整燙。

19 翻至背面，將 D1 多出來的部分先往內摺，接著再往下摺，用強力夾夾好。

17 同步驟 13 的作法，備好包邊條 D1。

20 將 D1 如圖車縫。

14 將包邊條 C3 包住口袋 C1 的右側，如圖車縫左邊 0.2cm。

12.5cm

21 將步驟 3 製作好的拉鍊口袋如圖放在表布 A1 右下方的位置，車縫固定。

18 將包邊條 D1 包住口袋 C1 的上端，先用強力夾固定。

How To Make

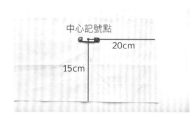

31 如圖在表布 B1 正面的右下
方畫上一個中心記號點，接
著將皮片飾牌的中央對齊這
個記號點，用鉚釘固定（註：
如使用薄布請於後方先貼上
襯）。

32 如圖在 C1 上車縫皮條，皮
條的另一端可依個人喜好位
置打上鉚釘裝飾。

33 將表布 A1 與 B1 正面相對，
上方預留返口 12cm，車縫
一周。

34 於四周修剪牙口。

35 從返口翻回正面整燙，並用
藏針縫縫合返口，完成。

27 依個人剪刀的寬度先找出皮
片固定的位置，用水消筆畫
上記號點①，接著把皮片往
前摺，一樣用水消筆畫出記
號點②。

28 用錐子在步驟 27 畫好的兩
個記號點穿洞（註：如使用
薄布請於後方先貼上襯再穿
洞）。

29 如圖用鉚釘將皮片固定在記
號點①上。

30 接著將撞釘磁釦安裝在記
號點②與皮片另一頭。

22 將拉鍊口袋往下摺好，車
縫三邊 0.5cm。

23 將口袋 C1 的布邊靠齊表布
A1，用珠針固定後車縫左右
兩邊（左邊車縫 0.5cm，右
邊車縫 0.2cm）。

24 依個人喜好在口袋完成面上
車縫隔間，請記得使用與布
色相同顏色的色線比較美觀。

25 如圖車縫下邊 0.5cm。

26 如圖在橢圓形皮片上打好
兩個洞。

幸福滿點親子連帽背心

經典的水玉點點，百搭又討喜，雙色搭配製作成同系列卻各有特色的連帽背心，在口袋和衣襟上做變化，不單只是相同樣式的親子裝，設計的巧思在於將小孩和大人的特質展現出來。

製作示範／Meny

編輯／Forig　成品攝影／張詣

模特兒／檸檬家族

完成尺寸／大人：衣長72cm（Size：S）

　　　　　小孩：衣長53cm（Size：110）

難易度／♥♥♥♥♥

✿ Materials 紙型 D 面

（大人）連帽寬領背心

用布量：主色布 7 尺、配色布 4 尺。

主色布	尺寸	數量
前身片	紙型	2 片
帽子	紙型	2 片
前口袋	紙型	2 片
後身片	紙型	1 片
帽剪接片	紙型	1 片
束繩腰帶布	5×94cm	1 條

配色布		
前貼邊	紙型	2 片（燙薄襯，另有紙型）
帽子	紙型	2 片
前袋蓋	紙型	2 片（燙薄襯）
後貼邊	紙型	1 片（燙薄襯）
帽剪接片	紙型	1 片

※ 以上紙型未含縫份，數字尺寸已含縫份。

其他配件：棉繩 100cm×1 條、束繩環 ×2 個。

大人樣衣及紙板尺寸為 S 號　單位：公分	
衣長（不含帽子）	72cm
肩寬	35cm
袖圍	58cm

（小孩）前半開襟連帽背心

用布量：主色布 4 尺、配色布 3 尺。

主色布	尺寸	數量
前身片	紙型	1 片
後身片	紙型	1 片
後貼邊	紙型	1 片（燙薄襯）
前貼邊	紙型	2 片（燙薄襯）
帽子	紙型	2 片
帽剪接片	紙型	1 片

配色布		
帽子	紙型	2 片
帽剪接片	紙型	1 片
口袋	紙型	2 片
門襟檔布	紙型	2 片（燙一半薄襯）
口袋滾邊條	4×50cm	1 條

※ 以上紙型未含縫份，數字尺寸已含縫份。

其他配件：棉繩 90cm×2 條、束繩環 ×4 個。

小孩樣衣及紙板尺寸為 110　單位：公分	
衣長（不含帽子）	53cm
肩寬	27cm
袖圍	43.5cm

✿ Profile

愛爾娜國際有限公司

電話：02-27031914
經營業務：日本車樂美 Janome 縫衣機代理商
　　　　　無毒染劑拼布專用布料進口商
　　　　　縫紉週邊工具、線材研發製造商
　　　　　簽約企業縫紉手作課程教學
　　　　　縫紉手作教室創業、加盟

信義直營教室：台北市大安區信義路四段 30 巷 6 號
Tel：02-27031914 Fax：02-27031913
師大直營教室：台北市大安區師大路 93 巷 11 號
Tel：02-23661031 Fax：02-23661006

作者：Meny

經歷：愛爾娜國際有限公司商品行銷部資深經理
　　　簽約企業外課講師
　　　創業加盟縫紉教室教育訓練講師
　　　永豐商業銀行ＶＩＰ客戶縫紉手作講師
　　　布藝漾國際有限公司出版事業部門總監

大人連帽寬領背心
How To Make

9 取主色布的帽剪接片與帽子正面相對，車縫固定，弧度處剪數個牙口，並將縫份燙開。

5 袋蓋正面沿邊壓線固定。

♥ 製作前拷克部位

1 前、後貼邊下緣、前口袋外緣、袋蓋上緣處。

♥ 製作前口袋

10 同作法完成配色布的帽子，再將兩個帽子正面相對，帽簷處車縫固定。

6 取前、後身片正面相對，兩邊肩脇對齊車縫，縫份燙開。

2 將袋蓋擺放在前口袋未拷克的地方，正面相對，車縫固定。

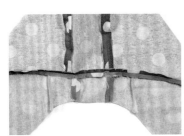

11 帽子中心弧度處剪數個牙口，並將縫份燙開。

7 將衣身翻回正面，前口袋依喜好位置車縫於前身片上。

3 並在弧度處打牙口。

♥ 製作帽子

12 翻回正面，整燙好，備用。

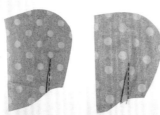

8 將主布和配色布的帽片，分別車縫好摺子，共完成 4 片。

4 翻回正面整燙，背面前口袋拷克處縫份折燙固定。

21 下襬依貼邊寬度先反折車合一小段（收口用），翻回正面後從下襬車至帽簷沿邊壓一圈裝飾線。

22 將束繩腰帶布兩邊往中間折燙。兩短邊先內折 1cm，正面車縫 0.7cm 固定，再擺放在衣身腰部位置（由下襬往上約 33.5cm 處），上下邊車縫固定。

23 腰帶布穿入棉繩，兩端套上束繩環後打結固定，完成！

17 將貼邊與身片正面相對，依圖標示位置車合袖襱處，並在轉彎處打牙口。

18 翻回正面，整燙袖圈處。

19 先將衣身脇邊至貼邊脇邊拷克。前、後衣身正面相對，車縫兩脇邊至開叉止點迴針。

20 縫份燙開，下襬折燙（折 1cm 再折 2cm），開叉處正面壓裝飾線。

♥ 製作前後貼邊

13 取前、後貼邊正面相對，兩邊肩脇對齊車縫，並將縫份燙開。

14 將前貼邊與前衣身門襟處正面相對，車縫一道固定。

15 翻回正面，整燙，前貼邊往內折燙一點，讓背面不要露出。完成前衣身左右片。

♥ 組合衣身

16 前、後衣身與表、裡帽子正面相對，對齊好車合領圍一圈，轉彎處打牙口。

小孩前半開襟連帽背心
How To Make

9 取前、後貼邊正面相對,車合肩脇,並將縫份燙開。

5 前衣身下襬處依記號開釦洞,備用。

1 前、後貼邊下緣,口袋外緣。

製作前門襟

製作口袋滾邊

10 前貼邊與前衣身門襟車合。

6 取門襟檔布,依圖示折燙一邊縫份。

2 取口袋滾邊條,兩邊往中心折燙好。

11 取前、後衣身正面相對,車合肩脇,縫份燙開。

7 將 2 片門襟檔布的另一邊與前衣身中心正面相對,車縫到止點處,再依記號剪開 Y 字。

3 取前衣身,門襟尾端先燙上 3×3cm 薄襯補強。將滾邊條正面與前衣身背面口袋位置對齊車縫固定。

12 翻回正面,門襟處女生是右疊左,左檔布下方修剪掉。

8 門襟底布往內折燙 1cm,再對折燙好。

4 翻回正面,滾邊條翻折好,沿邊壓線固定,另一邊口袋同作法車縫完成。

❤ 製作帽子

21 衣脇縫份燙開，並折燙下襬
（折 1cm 再折 2cm）。

17 翻回正面，整燙袖圈。同作
法完成另一邊袖圈。

❤ 組合衣身

13 帽子同大人步驟 8～9 車
合，表帽子的帽簷下方，正
面依記號開出釦洞。

22 下襬沿邊壓線一圈。

18 門襟處依圖示壓線固定。再
沿著門襟邊往上車縫帽簷壓
線一圈。

14 表、裡帽子正面相對，車縫
帽簷處。翻回正面，衣身
與貼邊夾車帽子領圍一圈。

23 帽簷及下襬穿入棉繩，分別
在兩端套入束繩環，打結固
定。門襟可依喜好自行縫上
暗釦，完成。

19 口袋布與前身片口袋位置疊
合後，口袋依記號在正面壓
裝飾線。

15 門襟領圍處先拆一小載線方
便車合，轉彎處打牙口。

❤ 製作袖圍

20 先將前、後衣脇至貼邊拷
克，再將前、後衣身正面
相對，車合衣脇。

16 貼邊與衣身正面相對，車
合袖襱，彎處打牙口。

法式好女孩荷葉領親子裝

荷葉領配上蝴蝶結，恬靜、優雅、好法式。

設計製作／Chloe
編輯／兔吉　成品攝影／張詣
模特兒／檸檬家族
完成尺寸／大人：M 號
　　　　　小孩：110cm
難易度／❤❤❤❤♡

樣衣及紙型尺寸：

大人：衣寬 99cm ／肩寬 36cm ／袖長 56cm ／
全長 73.5cm（含領）。
小孩：衣寬 68cm ／肩寬 25cm ／袖長 42cm ／
全長 65cm（含領）。

 Profile

Chloe

如果要說是有什麼可以在
這個繽紛多彩的世界裡
留下感情與溫度的東西
那…
一定是手作。

FB 搜尋：HSIN Design

Materials 紙型 C 面

大人長版上衣

材料（1 件的用量）：
本布 5 呎（150cm 寬）、配色布適量、薄布襯、
釦子 3 顆（直徑 1cm）、絨布緞帶。

本布	尺寸	數量	備註
前身片	紙型	1 片	下襬縫份 4cm
後身片	紙型	1 片	下襬縫份 4cm
袖片	紙型	2 片	袖口縫份 3cm
前貼邊布	紙型	1 片	
後貼邊布	紙型	1 片	
口袋布	紙型	2 片	
領片	紙型	1 片	

配色布			
口袋布	紙型	2 片	

※ 紙型皆不含縫份，請額外依照備註另加縫份。若
無特別備註，縫份皆為 1cm。

童裝款洋裝

材料（1 件的用量）：
本布 4 呎（150cm 寬）、配色布適量、薄布襯、
釦子 3 顆（直徑 1cm）、絨布緞帶、鬆緊帶 2
條（0.2cm 寬 X13 公分長）。

本布	尺寸	數量	備註
前身片	紙型	2 片	
後身片	紙型	1 片	
裙片	紙型	2 片	下襬縫份 3cm
袖片	紙型	2 片	袖口縫份 2cm
口袋布	紙型	2 片	
領片	紙型	1 片	

配色布			
前貼邊布	紙型	2 片	
後貼邊布	紙型	1 片	
口袋布	紙型	2 片	

※ 紙型皆不含縫份，請額外依照備註另加縫份。若
無特別備註，縫份皆為 1cm。

9 將縫份倒向貼邊布，接著在貼邊布上沿著邊緣 0.1cm 處壓線。

5 車好後平均拉扯兩條線，讓布料產生自然的皺褶。

1 將前、後貼邊布分別燙上襯。

10 依紙型標示在前片上畫好胸線打褶記號，接著將兩片布疊起後車縫，從身片脇邊處開始車，開頭要回針，尖點不回針，完成打褶。

6 拉好記得要對照事前所標示的前、後中心點與肩膀點的記號位置，檢查布料的皺褶是否有平均分配。抽褶好後測量出前領圈為 37cm，後領圈為 21cm，接著將拉出的線頭各自打結，讓皺褶不要移動。

2 將前、後貼邊布兩片正面相對，車縫肩膀縫合處。依相同作法車縫前、後身片。

3 車縫完後分開縫份，用熨斗燙開。將肩膀的縫份、貼邊布肩膀的縫份與外圍一圈進行拷克。

11 依紙型標示在前、後身片的脇邊處分別畫上口袋止點的記號，接著在前身片燙上直布襯，請留意直布襯的長度需超過口袋止點各 1cm（後身片不用燙襯）。

7 先用熨斗將領圈的抽褶整燙，接著放到身片上車合在一起。

```
1cm ┄┄┄┄┄┄┄  0.5cm
```

4 將領片對摺，在距離邊上 0.5cm 與 1cm 處車縫兩道疏縫線（開始與結束車縫時皆不需回針）。

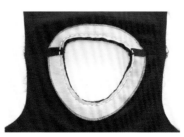

8 再與貼邊布車合。

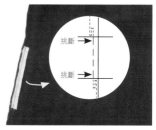

19 將前後口袋布對齊好後車縫在一起。

15 將四片口袋布拷克一整圈。

回針 → 口袋止點
大針車
回針 → 口袋止點

12 將身片脇邊車合，車到第一個口袋止點時先回針，接著將針距調大後繼續往下車，車到第二個口袋止點時再將針距調回，做回針動作之後繼續車縫。

16 取一片前口袋布與前身片的縫份對齊，車縫固定。

20 將身片左右微拉，可以看見一個小洞（它就是步驟 13 我們挑斷一針的地方），接著再使用拆線器將線一針針地挑開。重複步驟 11~20，完成另一邊口袋。

挑斷 →
挑斷 →

17 接著將前口袋布的縫份倒向前身片，沿著口袋邊緣壓線。

13 將身片開口袋處的頭與尾車線各挑斷一針。

21 將身片下襬先往內摺 1cm，再往內摺 3cm，接著沿著邊緣 0.1cm 的位置車縫固定。

18 取一片後口袋布與後身片縫份對齊，車縫固定。

14 把脇邊縫份燙開。

26 拉單股線，讓袖山產生如圖中些微的弧度，但留意不可產生細褶。

22 將袖片兩側的脇邊進行拷克。

27 將袖片與袖圈正面相對，把袖片塞入袖圈裡面，對齊好後車縫一圈固定。車好再拷克一圈。

23 如圖將袖脇下車合。

28 縫上黑色絨布緞帶（蝴蝶結）與裝飾釦子，完成（注意：釦子與釦子之間的間距為 3 公分）。

24 將袖口先往內摺 1cm，再往內摺 2cm，接著沿著邊緣處 0.1cm 的位置車縫固定。

25 如圖在袖山的上半段 1cm 處車疏縫線。

童裝款洋裝
How To Make

9 將領圈的縫份修剪至 0.5cm。

10 將縫份倒向貼邊布，如圖在貼邊布上沿著邊緣 0.1cm 處壓線（注意：轉角有些地方會車縫不到是正常的）。

11 依紙型標示在上身片左右開襟處分別畫上重疊記號。

12 將兩個記號重疊後車縫固定，以此作為前片中心點。

5 車好後平均拉扯兩條線，讓布料產生自然的皺褶。

6 拉好記得要對照事前所標示的前、後中心點與肩膀點的記號位置，檢查布料的皺褶是否有平均分配。抽褶好後測量出前領片為 13.5cm，後領片為 17cm，接著將拉出的線頭各自打結，讓皺褶不要移動。

7 先用熨斗將領片的抽褶整燙好，接著依紙型標示位置將領片擺在身片上，車合在一起。

8 再與貼邊布車合。

1 將前、後貼邊布分別燙上襯。接著將前身片開襟部分也燙上 3cm 寬的直布襯。

2 將前、後貼邊布正面相對，車縫肩膀縫合處。依相同作法車縫前、後身片。

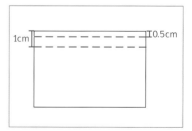

3 車縫完後分開縫份，用熨斗燙開。將肩膀的縫份、貼邊布肩膀的縫份與外圍一圈進行拷克。

4 將領片對摺，在距離邊上 0.5cm 與 1cm 處車縫兩道疏縫線（開始與結束車縫時皆不需回針）。

21 取一片前口袋布與前身片的縫份對齊，車縫固定。

17 依紙型標示在前、後裙片的脇邊處分別畫上口袋止點的記號，接著在前裙片燙上直布襯，請留意直布襯的長度需超過口袋止點各 1cm（後裙片不用燙襯）。

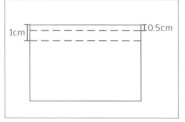

13 將兩片裙片正面相對，在距離上端 0.5cm 與 1cm 處車縫兩道疏縫線（開始與結束車縫皆不需回針）。

22 接著將前口袋布的縫份倒向前身片，沿著口袋邊緣壓線。

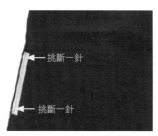

18 同大人上衣的製作步驟 11~13，製作口袋開口。

14 車好拉緊兩條線做抽褶，記得檢查皺褶是否平均，接著將拉出的線頭各自打結，讓皺褶不要移動。

23 取一片後口袋布與後身片縫份對齊並車縫。

19 將脇邊縫份燙開，記得在口袋開口位置畫上記號。

15 將抽褶好的裙片與身片車縫固定，車縫好再拷克。

24 將前後口袋布對齊好，車縫固定。

20 將四片口袋布拷克一整圈。

16 將上述車好的縫份倒向身片，接著拷克兩側脇邊。

33 將袖片與袖圈正面相對，把袖片塞入袖圈裡面，對齊好後車縫一圈固定。車好再拷克一圈。

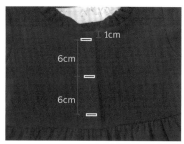

34 如圖開釦眼（注意：釦眼之間的間距為6cm）。

35 縫上黑色絨布緞帶（蝴蝶結）與釦子裝飾，完成。

29 如圖將袖脇下車合。

30 將袖口先往內摺 1cm，再往內摺 1cm，接著沿邊緣0.1cm 處車縫固定。

31 如圖在袖山的上半段 1cm 處車疏縫線。

32 拉單股線，讓袖山產生些微的弧度，但不可產生細褶。

25 同大人上衣的製作步驟 20，將口袋固定線挑開，完成一邊口袋。另一邊口袋製作方法相同。

26 將裙片先往內摺 1cm，再往內摺 2cm，接著沿邊緣 0.1cm 處車縫固定。

27 將袖片兩側的脇邊進行拷克。

28 在袖片下方往上 4cm 處先畫好一個鬆緊帶記號，接著將鬆緊帶車縫固定上去。

溫暖實搭編織毛線帽

運用不同針法的組成，編織出紋路細緻的毛線帽。
毛線與棉布組合，使帽簷處自然的往上翻摺，
再加上麂皮繩綁蝴蝶結裝飾，將帽子點綴得更加迷人，
怎麼穿搭都好看！

製作示範／布。棉花　編輯／Forig　成品攝影／張詣
完成尺寸／高約23cm×頭圍約60cm
難易度／◇◇◇

Profile

布。棉花

因為想著究竟什麼工作可以兼顧家庭，又能小有成就感，因而發現自己對手作設計的熱愛，開始將所有精神心力都投入在手作布包與毛線娃娃的設計製作上。當對某件事物感到狂熱時，腦袋便無時無刻皆運轉著相同的東西，布棉花正是如此，所接觸所看到的，都成為了【布。棉花】的創作靈感來源。

FB：https://www.facebook.com/yami5463/info/
部落格：http://yami5463.pixnet.net/blog

Materials 紙型 C 面

裁布：

| 裡帽身 | 紙型 | 5片 |

其他配件：麂皮繩約100cm、灰色1mm細毛線、4/0號鉤針。
※以上紙型未含縫份，請外加1cm。

毛線帽編織圖：

■■ 毛線帽 (灰色)

※ 輪狀編織：起針8針

（編織圖：行數標示 68、51、50、49、48、47、46、45、44、43、42、41、40,38,36,34,32,30,28,26,24,22,20,18、39,37,35,33,31,29,27,25,23,21,19、17、16、15、14、13、12、11、10、9、8、7、6、5、4、3）

此為對折交接處▶

25...32針	35...8針
~	34...12針
10...32針	33...16針
9...28針	32...16針
8...28針	31...20針
7...24針	30...20針
6...24針	29...24針
5...20針	28...24針
4...16針	27...28針
3...12針	26...28針
2...8針	
1...短針起4針	

※毛線帽實際大小，會受到毛線粗細與手勁鬆緊影響。

編織針法

◇ 環狀起針

1 將毛線纏繞左手食指2圈。

2 繩圈拿下,右手拿鉤針,穿過繩圈。

3 依箭頭方向,將鉤針勾住線,拉出繩圈。

4 鉤針轉至毛線外側勾線,完成固定繩圈。

◇ 組合帽身

5 將裡帽身下方處往內折1cm,與毛線帽邊緣對齊車縫一圈。

6 帽身完成圖。

◇ 綁上裝飾帶

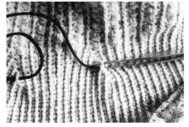

7 準備一條長約100cm麂皮繩,使用鑷子將麂皮繩穿出毛線帽針距縫隙間。

8 並將麂皮繩兩端綁上蝴蝶結,毛線帽完成。

◇ 鉤織毛線帽主體

1 對照毛線帽織圖,鉤織出毛線帽主體。針法編織分解圖請參閱P112〜113。
※毛線織圖使用線材為1mm細線材,若使用其他較粗線材則需視情況調整織圖。

◇ 製作裡帽身

2 依紙型裁切好5片裡帽身。

3 將裡帽身2片正面相對,依圖示車縫,縫份往兩邊攤開,正面接縫線左右沿邊車縫裝飾線固定縫份。

4 同作法依序完成5片裡帽身,形成一圈。

112

2 在同一針目勾第2針長針。

3 繼續在同一針目勾第3針長針。

4 最後將線勾出,完成3長針玉編。

9 完成環狀起針8針。

◇ 表引短針 X

| 將鉤針穿越兩針空隙(如箭頭處)。

2 將線勾回,依短針方式完成表引短針。

◇ 長針玉編 ⊕

| 於下一針目,勾第1針長針。

5 依方向再將毛線拉出繩圈。

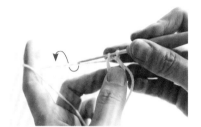

6 鉤針轉至毛線外側勾線,完成第一個短針。

7 重複步驟,依序完成所需短針針數。

8 輕拉線頭,將繩圈拉緊。

蓓兒貝蕾帽

每個女孩都需要擁有一頂貝蕾帽。
挑選自己喜歡的顏色,搭配上可愛的刺繡與羊毛氈,
衣櫃裡的定番品,不能沒有它。

設計製作／Miki & 喬
示範作品尺寸／高約11cm×適用頭圍約60cm
編輯／兔吉　成品攝影／張詣
難易度／◇◇

Profile

Miki

喜歡拼布、編織、十字繡、鄉村雜貨及收集娃娃，作品以清新的雜貨風和可愛的童趣風呈現，與喜歡羊毛氈的女兒喬有一間名為熊腳丫的手作教室，在小屋子裡和喜愛手作的朋友們，還有五隻店貓度過每一段快樂的手作時光。

熊腳丫手作雜貨屋

店址：台北市大龍街 48 號一樓
Email：miki3home@gmail.com
Blog：miki3home.blogspot.com/
FB 搜尋：熊腳丫手作雜貨屋 Bear's Paw
Instagram：@miki3home

Materials 紙型 D 面

材料（1頂的用量）：
主要布料：紅色棉麻布、粉色小花棉布。
其他配件：厚布襯、直徑2.4cm包釦1個、黑色繡線（DMC 25番 no.310）、
　　　　　紅色繡線（DMC 25番 no.3803）、羊毛少許。

裁布表：
紅色棉麻布（表布）

帽沿	紙型	6片
包釦布	紙型	1片
粉色小花棉布（裡布）		
帽沿	紙型	6片

※紙型皆不含縫份。

※此示範作品頭圍尺寸為60cm，如果頭圍57cm，紙型的尺寸縮放
　比例為57／60＝0.95（95％），比例可依照個人頭圍大小進行調整。

9 將步驟8車好的兩組表布接合在一起。

5 可挑選喜歡的羊毛顏色戳入圖案內。

| 使用布用複寫紙將圖案複印在一片表布上。

10 完成帽沿表布備用。

6 將已完成羊毛戳製的表布,與另一片表布車縫右邊做接合。

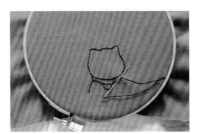

2 取雙股黑色繡線,以半回針繡上去。

◇製作帽沿裡布

|| 在裡布的背面燙上不含縫份的厚布襯(六片都要)。

7 依同作法接合左邊。

3 將貓咪與魚繡好的樣子。

12 按照表布的接合作法,將裡布六片接合好。

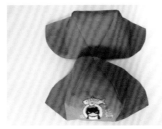

8 同步驟6~7的作法,再接合另外三片表布,共完成兩組。

4 將布放在羊毛戳墊上,以細羊毛戳針戳製。

21 可愛的蓓兒貝蕾帽就完成囉!

17 將表布與裡布兩者正面相對套在一起,預留返口,沿著帽沿車縫一圈。

◇組合

13 取雙股紅色繡線,以平針縫方式在帽沿表布縫上裝飾線。

蓓兒是Miki的貓小孩,是一隻超可愛的賓士貓喔!

↑對針縫

18 從返口將帽子翻回正面,以對針縫方式縫合返口。

14 將包釦布以雙線平針縫一圈。

19 使用多張報紙層層包疊成一個球型。

15 放入包釦,將縫線縮緊並打結固定。

20 將完成的帽子放在報紙上,用熨斗整燙出漂亮的帽型。

16 將步驟15做好的包釦以貼布縫方式貼縫於帽頂中心。

適合閨蜜、情侶、親子
一起使用的完美設計手作包

1+1 幸福成雙手作包

本書特色

* 拍攝靈活生動氛圍再升級
* 同款式不同大小與配色的巧思
* 兩款包組合成一款包的實用提案

* 1+1 大於 2 的創作理念
* 不同主題與款式的成對設計

作者／李依宸、林敬惠（紅豆）合著
定價／ 420 元

日 日 都 可 愛

童用日常手作包 & 配飾

本書特色

* 童用日常手作　　親手打造孩子的日常小物，讓暖心小物陪伴著孩子快樂成長。
* 詳細標記完整圖解　詳細的圖文對照，清楚標記車縫位置，更能輕鬆理解及製作。
* 情境式分類　　　依照不同的情境主題，提供孩子不一樣的裝扮，體驗多彩的
　　　　　　　　　生活。

日 日 都 可 愛
童 用 日 常 手 作 包 & 配 飾
王思云◎著

作者／王思云　定價／ 350 元

CottonLife 玩布生活 No.29

讀者問卷調查

Q1.您覺得本期雜誌的整體感覺如何？ □很好　　□還可以　　□有待改進

Q2.請問您喜歡本期封面的作品？ □喜歡　　□不喜歡

原因：_____

Q3.本期雜誌中您最喜歡的單元有哪些？

□傢飾雜貨（廚房篇）《花型隔熱墊＆愛心型隔熱手套》、《可愛松鼠擦手巾掛環》 P.4

□刊頭特集「一體兩款組合包」 P.17

□型男專題「型男造型單肩背包」 P.53

□進階打版教學（三）「吐司包變化款二」 P.71

□玩布特企「布作家必做實用雜貨」 P.77

□洋裁課程（甜蜜親子裝）《幸福滿點親子連帽背心》、《法式好女孩荷葉領親子裝》 P.96

□Hat百搭秋冬帽《溫暖實搭編織毛線帽》、《蓓兒貝蕾帽》 P.110

Q4.刊頭特集「一體兩款組合包」中，您最喜愛哪個作品？

原因：_____

Q5.型男專題「型男造型單肩背包」中，您最喜愛哪個作品？

原因：_____

Q6.玩布特企「布作家必做實用雜貨」中，您最喜愛哪個作品？

原因：_____

Q7.雜誌中您最喜歡的作品？不限單元，請填寫1-2款。

原因：_____

Q8. 整體作品的教學示範覺得如何？ □適中　　□簡單　　□太難

Q9.請問您購買玩布生活雜誌是？ □第一次買　□每期必買　□偶爾才買

Q10.您從何處購得本刊物？ □一般書店　　□超商　　□網路商店（博客來、金石堂、誠品、其他）

Q11.是否有想要推薦（自薦）的老師或手作者？

姓名：　　　　　　　連絡電話（信箱）：_____

FB／部落格：_____

Q12.請問有逛過我們新成立的教學購物平台嗎？（www.cottonlife.com）

歡迎提供建議：_____

Q13.感謝您購買玩布生活雜誌，請留下您對於我們未來內容的建議：

姓名／	性別／□女　□男　　年齡／　　歲
出生日期／　　月　　日	職業／□家管　□上班族　□學生　□其他
手作經歷／□半年以內　□一年以內　□三年以內　□三年以上　□無	
聯繫電話／（H）　　　　（O）　　　　（手機）	
通訊地址／郵遞區號 □□□□□	
E-Mail／　　　　　　部落格／	

讀者回函抽好禮

活動辦法：請於2019年1月15日前將問卷回收（影印無效）填寫寄回本社，就有機會獲得以下超值好禮。獲獎名單將於官方FB粉絲團（http://www.facebook.com/cottonlife.club）公佈，贈品將於2月統一寄出。※本活動只適用於台灣、澎湖、金門、馬祖地區。

Elfin生活風情圖案布
（2尺）隨機

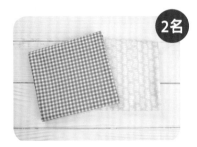

格子、葉子配色布
（2尺）隨機

小魚、蘿蔔圖案布
（2尺）隨機

請貼8元郵票

CottonLife 玩布生活

飛天手作興業有限公司 編輯部

235 新北市中和區中正路872號6F之2
讀者服務電話：（02）2222-2260

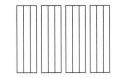

黏 貼 處

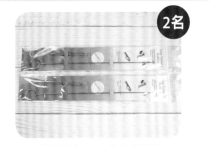

返裡針+夾式穿帶器

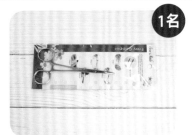

返裡鉗－14cm（彎刀口）

倒向骨筆